# Ungarische Jahrbücher

**Herausgegeben von ROBERT GRAGGER**

## Inhalt des ersten Bandes.

### I. Aufsätze und Berichte:



### II. Kleine Mitteilungen und Anzeigen:



### III. Besprochene Werke:



Preis des I. Bandes (4 Hefte): Gz. 6; in Halbleinen gebunden Gz. 8.

UNGARISCHE BIBLIOTHEK
Für das Ungarische Institut an der Universität Berlin
herausgegeben von ROBERT GRAGGER
Erste Reihe

1.

# Die Herkunft der Ungarn,

## ihre Sprache und Urkultur

Von

Josef Szinnyei

Zweite, verbesserte Auflage

1923

Walter de Gruyter & Co.

vormals G. J. Göschen'sche Verlagshandlung — J. Guttentag, Verlagsbuchhandlung — Georg Reimer — Karl J. Trübner — Veit & Comp.

Berlin und Leipzig

Druck von Walter de Gruyter & Co., Berlin W. 10

# Inhalt.

Da stehen wir an dem Grenzsteine der historischen Zeit. Der letzte Schein unserer Fackel flammt auf, und in dem Halbdunkel sehen wir die Ungarn, wie sie die Grenze überschreiten. Vor ihnen die Morgendämmerung, hinter ihnen stockfinstere Nacht. In dieses Dunkel möchten wir hineinleuchten; wir möchten wissen, woher die Vorfahren der Ungarn kamen, wo ihre Wiege stand, wie der Verlauf ihres Lebens bis dahin war. Vergebens! Unsere Fackel ist erloschen, und unser Blick verliert sich in geheimnisvolles Dunkel.

Aber sieh! Ein schwaches Licht beginnt in der Nacht zu dämmern, eine flackernde Flamme, die bald verlischt, bald aufs neue aufleuchtet. Sie schwankt hin und her, wie das Irrlicht. Und dort eine andere; bald leuchtet auch die dritte, die vierte auf. Um sie herum dämmert Halbdunkel in der dichten Finsternis, und unser Auge beginnt zu sehen. Hier sieht es Menschenschädel, dort Kleidungsstücke aus Tierfellen; bald werden Grubenwohnungen, dann Zelte aus Birkenrinde sichtbar, in ihnen primitive Werkzeuge. Um sie herum ist munteres Leben, eifrig schafft jung und alt. Ein paar Männer ziehen das große Fischnetz ans Ufer hin, andere tragen Angelgeräte in den Kahn, das Frauenvolk ist um den Kochkessel geschäftig oder spinnt und näht. Weiter ab bringt eine Gruppe Menschen ihre Bogen und Pfeile in Ordnung, dann schwingen sie sich aufs Pferd. Nicht Wild zu jagen gehen sie jetzt, denn sie gebieten ihren Hunden zurückzubleiben. Sie ziehen in den Krieg. Danach tritt wieder ein anderes Bild vor unser Auge: fremde Leute erscheinen unter den Ungarn und bringen ihnen viel Unbekanntes bei. Die Ungarn haben jetzt schon mehr Haustiere, und ihr Boden trägt Weizen, Gerste, Wein und dergleichen. Die Rüstung der Männer ist mit Silber beschlagen, auf ihrer Stirn funkeln Goldplatten, ihr Pferdegeschirr ist prunkhaft; das Frauenvolk schmückt sich mit farbigen Seidenstoffen, Ringen und Perlen. Aber des Neuen wegen geben sie das Alte nicht auf. Auch jetzt fallen die Fische der Flüsse und das Wild des Waldes ihnen zur Beute. Sie sitzen noch ebensogut zu Pferde und schießen ihre Pfeile mit ebensolcher Sicherheit auf den Feind, wie dereinst. Und wenn sie ihre Lippen zum Reden, zum Singen öffnen, dann strömt über sie dieselbe Sprache, die sie von ihren Urahnen ererbt haben, nur daß sie jetzt entwickelter und an Wörtern reicher ist.

* * *

Doch lassen wir die bildliche Rede.

Die eigentliche Geschichte beginnt mit den ersten aufgezeichneten Daten. Aber dennoch bleibt uns auch das nicht völlig verborgen, was vordem war und geschah, wovon keine Aufzeichnung spricht, denn mit Hilfe der Anthropologie, der Ethnologie, der Archäologie und der Sprachwissenschaft können wir eine Reihe Daten aus der vorgeschichtlichen Zeit zusammenstellen, und ein ziemlich großer Teil dieser Daten ist noch glaubwürdiger als der uns überlieferte Bericht manches alten Schriftstellers. Ohne daß wir die übrigen herabsetzen wollten, können wir es doch getrost behaupten, daß unter den erwähnten Wissenschaften die Sprachwissenschaft diejenige ist, die die meisten Daten und die glaubwürdigsten liefern kann; und es kann noch hinzugefügt werden, daß sie die übrigen auch darin übertrifft, daß ihre Daten aus einer weit älteren Zeit stammen, als die jener anderen.

Nehmen wir nunmehr die Sprachwissenschaft ins Verhör und lassen wir sie berichten, was sie über die Ungarn der vorgeschichtlichen Zeit weiß.

# I.

Die erste Frage ist die nach dem Ursprung der ungarischen Sprache. Hierauf kann einzig und allein die Sprachwissenschaft Antwort geben, und keine andere Wissenschaft hat irgendeine Stimme dabei. Die Sprachwissenschaft hat nun mit voller Entschiedenheit festgestellt, daß das Ungarische eine finnisch-ugrische Sprache ist, ein Glied jener Sprachfamilie, deren übrige lebende Glieder das Wogulische, das Ostjakische, das Syrjänische, das Wotjakische, das Tscheremissische, das Mordwinische, die ostseefinnischen Sprachen (Finnisch, Estnisch, Karelisch usw.) und das Lappische sind. Alle diese bilden mit dem Ungarischen die Fortsetzungen, die neueren Variationen ein- und derselben Grundsprache. Schon AENEAS SYLVIUS (Papst PIUS II., † 1464) erwähnt in seiner »Cosmographia« den Bericht eines Veronesers, laut dessen im asiatischen Skythenlande rohe heidnische Völker wohnen, deren Sprache mit der der Ungarn von Pannonien gleich ist[1]). Obwohl das Werk erst im Jahre 1503 erschien, war dies in Ungarn schon im 15. Jahrhundert bekannt. Auf den Papst berufen sich zwei Geschichtsschreiber, THURÓCZI[2]) und BONFINI[3]), und letzterer fügt hinzu, daß König Mathias Corvinus, der von russischen Kaufleuten dieselbe Nachricht erhalten hatte, bestrebt war, jene Stammverwandten zur Übersiedlung nach Ungarn zu bewegen. Auch der Krakauer Domherr und Arzt MATHIAS VON MIECHOV behauptet in seinem »Tractatus de duabus Sarmatiis« (1517), daß die Sprache des in der Uralgegend seßhaften Juhravolkes (= Ugrier, d. h. Wogulen und Ostjaken) der der Ungarn verwandt ist[4]). Baron SIEGMUND VON HERBERSTEIN erwähnt es in seinem Werke »Rerum Moscoviticarum Commentarii«, dessen erste Ausgabe im Jahre 1549 erschien, ebenfalls, daß die Juharen (d. h. die Ugrier der Uralgegend) angeblich dieselbe Sprache sprechen wie die Ungarn, aber er wisse nicht, ob es war sei,

[1]) Es sind die Wogulen und Ostjaken gemeint.

[2]) Chronica Hungarorum. Cap. IX. (ed. SCHWANDTNER 1746, S. 55).

[3]) Rerum Ungaricarum libri XLV. Dec. I. lib. II. (ed. BÉL 1771, S. 41).

[4]) Lib. I. tract. II. (Vgl. Ethnographia. X. Budapest 1899, S. 249.)

denn wie eifrig er dem auch nachforschte, es sei ihm nicht gelungen, einen Menschen aus jener Gegend zu finden, mit dem sein Diener, der Ungarisch verstand, hätte reden können[1]). In der zweiten Hälfte des 17. Jahrhunderts entdeckte ein Hamburger Arzt, der scharfsinnige Polyhistor MARTIN FOGEL, daß zwischen der ungarischen, der finnischen und lappischen Sprache eine Verwandtschaft bestehe, und als Belege dafür führte er Wortgleichungen und Übereinstimmungen des Sprachbaues an. Etwa um dieselbe Zeit entdeckte auch ein anderer hervorragender Polyhistor, der Schwede GEORG STIERNHIELM, die Verwandtschaft der ungarischen mit der finnischen und lappischen Sprache[2]). Die Zusammengehörigkeit aller finnisch-ugrischen Sprachen behauptete (auf Grund von Wortgleichungen) zuallererst JOHANN PHILIPP STRAHLENBERG in seinem Werke »Das Nord- und Östliche Theil von Europa und Asia«, das im Jahre 1730 erschien.

Bei den Ungarn selbst beginnt die Vergleichung der ungarischen Sprache mit andern finnisch-ugrischen Sprachen mit dem Werke »Demonstratio. Idioma Ungarorum et Lapponum idem esse« des JOHANN SAJNOVICS, das im Jahre 1770 erschien, und in dem er die Verwandtschaft der ungarischen Sprache und des Lappischen durch Gleichungen von Wörtern und grammatischen Formen zu beweisen suchte. SAJNOVICS, obgleich kein Sprachgelehrter, faßte die Sprachverwandtschaft ganz richtig auf. Aus seinem Werke ergibt sich, wenn er es auch nicht ausdrücklich sagt, daß er die Sprachverwandtschaft nicht in der ins Auge fallenden, handgreiflichen Ähnlichkeit, sondern in der regelmäßigen Entsprechung suchte. Die Sprache der Ungarn und Lappen — sagt er — kann verwandt sein, ohne daß sie einander verstehen; denn wenn diese beiden auch einstmals ein Volk waren, so mußte sich doch sowohl die lappische wie die ungarische Sprache verändern, da sie seit so vielen Jahrhunderten völlig voneinander getrennt waren. Das kann man ja doch nicht annehmen, daß beide sich so erhalten hätten, wie sie zur Zeit der Einheit waren, oder daß beide sich völlig gleichmäßig entwickelt und dieselben Veränderungen durchgemacht hätten. — Auf die »Demonstratio« des SAJNOVICS folgte im Jahre 1799 das Werk des SAMUEL GYARMATHI: »Affinitas linguae Hungaricae cum linguis Fennicae originis grammatice demonstrata«, in dem schon die ganze finnisch-ugrische Sprachfamilie verglichen ist[3]). Am Anfang des 19. Jahrhunderts gesellte sich als dritter zu

[1]) Dritte Ausgabe: Basel 1556, S. 86.

[2]) Vgl. E. N. SETÄLÄ, Lisiä suomalais-ugrilaisen kielentutkimuksen historiaan [= Beiträge zur Geschichte der finnisch-ugrischen Sprachforschung]. Helsinki 1892, S. 3, 37.

[3]) »Das patriotisch-wissenschaftliche Streben, in der Ferne nach sprachverwandten

diesen beiden NIKOLAUS RÉVAI und benutzte sowohl in seinen »Antiquitates linguae Hungaricae« wie in der »Elaboratior Grammatica linguae Hungaricae« das Material der finnisch-ugrischen Sprachen zur Erklärung ungarischer Wörter und grammatischer Formen. Danach folgte ein langer Stillstand, den die Luftschlössern nachjagende Philologie der romantischen Schule ausfüllte. Am Ende der dreißiger Jahre brach ANTON REGULY zu seiner langen, mit vielen Mühen und Entbehrungen verbundenen nordischen Studienreise auf. Sieben Jahre verbrachte er in Rußland und sammelte eine Menge finnisch-ugrischen Sprachmaterials. Um die Mitte des Jahrhunderts begann PAUL HUNFALVY seine grundlegende Tätigkeit auf dem Gebiete der vergleichenden Sprachwissenschaft, und von da an ruhte die Arbeit auf diesem Gebiete nicht. Zu HUNFALVY gesellte sich bald JOSEF BUDENZ. Mit Leib und Seele widmete er sich dem Studium der sog. uralaltaischen und später fast gänzlich dem der finnisch-ugrischen Sprachen. Er entfaltete eine riesenhafte Tätigkeit; 34 Jahre hindurch arbeitete er ununterbrochen, schrieb Abhandlungen, Sprachlehren, Wörterbücher, gab Texte heraus, und endlich schrieb er zur Krönung seiner Tätigkeit seine beiden Hauptwerke, das vergleichende ungarisch-finnisch-ugrische Wörterbuch und die vergleichende Formenlehre der finnisch-ugrischen Sprachen. Und was gleichfalls sein großes Verdienst ist: er gründete eine Schule, er erzog eine neue Generation von Sprachforschern, die dann seine Arbeit fortsetzte.

Aber nicht nur in Ungarn, sondern auch in anderen Ländern ging die Arbeit auf dem Gebiet der finnisch-ugrischen Sprachforschung in der zweiten Hälfte des vergangenen Jahrhunderts emsig von statten und dauert noch heute an. Finnische, estnische, dänische, schwedische, norwegische, deutsche, französische und russische Gelehrte arbeiteten und arbeiten mit vereinten Kräften am Vorwärtsbringen der finnisch-ugrischen Sprachwissenschaft.

Und während dergestalt ernste, gewissenhafte gelehrte Männer das angefangene Gebäude ruhig weiterbauen, dessen Fundament ihrer Überzeugung, folglich der Überzeugung der Sachverständigen nach, so fest ist, daß es niemals erschüttert werden kann, finden sich in Ungarn unter den Nichtsachverständigen noch immer manche, die an der Festigkeit des Fundamentes dieses Gebäudes zweifeln. Noch immer gibt es Anhänger VÁMBÉRYS, die an den türkisch-tatarischen

---

Völkern zu suchen, ist bekanntlich bei den Ungarn viele Jahrhunderte alt, und SAJNOVICS und GYARMATHI sind die Ahnen unserer vergleichenden Sprachwissenschaft geworden«, sagt GEORG VON DER GABELENTZ: Liter. Centralblatt 1886, S. 96 und Die Sprachwissenschaft, S. 26. — Vgl. noch: KR. SANDFELD-JENSEN, Die Sprachwissenschaft. Leipzig und Berlin 1915, S. 2

Ursprung der ungarischen Sprache glauben. Es gibt vorsichtige Schriftsteller, die vom Ursprung der ungarischen Sprache redend konstatieren, daß ein Teil der Sprachforscher das Ungarische für eine finnisch-ugrische Sprache hält, die aber nicht verabsäumen, hinzuzufügen, daß es nach anderen in die türkisch-tatarische Sprachfamilie gehöre. Es gibt aber auch weniger vorsichtige, die die »finnisch-ugrische Theorie« ganz außer acht lassen, und denen das Ungarische geradezu eine türkisch-tatarische Sprache ist.

Dies Verhalten mancher Unkundigen gegenüber den Ergebnissen der finnisch-ugrischen Sprachforschung erklärt sich hauptsächlich daraus, daß sie über das Wesen und die Grade der Sprachverwandtschaft nicht im reinen sind. Denen, die sich für die Sache einigermaßen interessieren, schwebt meistens die Verwandtschaft der germanischen oder der romanischen Sprachen vor. Diese Verwandtschaft ist so augenscheinlich, daß auch der Laie sie leicht erkennen kann. Wo dann eine Verwandtschaft dieses Grades nicht besteht, dort will der Laie gar keine Verwandtschaft anerkennen. Nun steht aber die Sache so, daß die germanischen Sprachen sich etwa zu Beginn unserer Zeitrechnung verzweigten, und die romanischen sich erst in der ersten Hälfte des Mittelalters zu besonderen Sprachen entwickelten. Dagegen begann die Verzweigung der finnisch-ugrischen Sprachfamilie in einer viel älteren Zeit. Die erste Trennung mag um die Mitte des dritten Jahrtausends vor Christi, der Beginn der weiteren Trennungen anderthalb Jahrtausende später erfolgt sein[1]. In unserer Sprachfamilie stehen daher die Ergebnisse vor sehr, sehr langer Zeit geschehener Trennungen und einer seit sehr, sehr langer Zeit dauernden Sonderentwicklung vor uns. Nun ist aber das Leben der Sprachen eine fortwährende Veränderung: neue Gebilde entstehen, alte verschwinden. Je größer der Zeitraum, der die jetzigen Sprachen von der Zeit ihrer Grundsprache trennt, um so mehr ursprüngliche Elemente sind verloren gegangen, und um so mehr Neues ist entstanden. Daraus folgt ganz natürlich, daß die gemeinsamen Elemente, die von der finnisch-ugrischen Grundsprache zurückgeblieben sind, nicht so zahlreich, und auch wegen der viel früheren Trennung und längeren Sonderentwicklung nicht so leicht erkennbar sein können, wie die gemeinsamen Elemente der germanischen und der romanischen Sprachen.

Die Beweise der Sprachverwandtschaft sind Übereinstimmungen von grammatischen Formen und Wörtern. Der Laie sucht in den

[1]) Vgl. E. N. SETÄLÄ, Suomensukuisten kansojen esihistoria [= Urgeschichte der finnisch-ugrischen Völker]. (Maailmanhistoria [= Weltgeschichte] II, 495, 497, 508).

verwandten Sprachen gleiche oder ähnliche Elemente. Er schaut nur mit bloßem Auge, daher erblickt er sehr vieles nicht. Umgekehrt findet er oft in stockfremden Sprachen Elemente, die er wegen ihrer zufälligen Gleichheit oder Ähnlichkeit für verwandt hält. Hingegen untersucht der Sprachforscher die Sprachen mit der Lupe und dem Seziermesser und bemerkt deshalb auch Übereinstimmungen, die dem Laienauge verborgen bleiben. Der Sprachforscher weiß, daß in der fortwährenden Neubildung und Veränderung, die man das Leben der Sprache zu nennen pflegt, Regelmäßigkeit herrscht. Somit auch in der Entwicklung der Laute, nur daß die Richtungen und Ergebnisse des Lautwandels in den verschiedenen Sprachen häufig verschieden sind. Die Folge der Regelmäßigkeit des Lautwandels ist die, daß in den gemeinsamen Wörtern und Wortelementen der verwandten Sprachen die Laute, welche ursprünglich identisch waren, nach der Trennung aber sich verändert haben, in regelmäßiger Weise voneinander abweichen, mit anderen Worten, einander regelmäßig entsprechen.

Auch in den finnisch-ugrischen Sprachen sind schon viele derartige regelmäßige Lautentsprechungen festgestellt [1]. In diesen Ausführungen gebe ich nur einige Proben aus den Ergebnissen der finnisch-ugrischen vergleichenden Lautlehre [2].

So entspricht dem anlautenden *f* des Ungarischen *p* in den verwandten Sprachen, z. B. *fél* (Hälfte: halb; Seite): wog. *päl*, tscher. *pel* | *fő* (Kopf): finn. *pä*.

Dem anlautenden *h* tieflautender Wörter entspricht *k* und *ch*, z. B. *hål* (Fisch): md. *kal*, finn. *kala*, tscher. *kol*, wog. *chūl*.

Dem *ń* im Wortanlaut entspricht in einem Teile der verwandten Sprachen *ń*, im andern Teile *n*, z. B. *ńil* (Pfeil): wotj. *ńil*, lp. *ńill*, wog. *ńēl*, aber md. *nal*, finn. *nuoli*.

[1]) Vgl. J. SZINNYEI, Finnisch-ugrische Sprachwissenschaft. 2. Aufl. Berlin und Leipzig 1922. (Sammlung Göschen), S. 20—40.

[2]) Hier ist natürlich nur eine sog. gröbere Lautbezeichnung angewendet. *å* = mit Lippenrundung gebildetes *a* | *e* = geschlossenes *e* | *ä* = offenes *e* | *y* = dem *i* entsprechender hinterer Vokal | *ə* = dem *e* entsprechender hinterer Vokal | *s* = deutsches *ß* | *š* = deutsches *sch* | *z* = französisches *z* | *ž* = französisches *j* | *c* = deutsches *z*, *tz* | *č* = deutsches *tsch* | *v* = deutsches *w* | *w* = bilabiales *w* | *h* ist kein Dehnungszeichen. Der Akut (′) neben oder über einem Konsonantenzeichen bezeichnet Palatalisierung (Mouillierung): *t′*, *d′*, *ś*, *ź* = *t*, *d*, *s*, *z* + *j* zu einem Laut verschmolzen; *ń* = französisches oder italienisches *gn*; *l′* = ital. *gl*. Der am Wortende stehende Bindestrich (-) bedeutet, daß die betreffende Form der von den Suffixen entblößte Stamm ist. Abkürzungen: ung. = ungarisch, finn. = finnisch, est. = estnisch, md. = mordwinisch, lp. = lappisch, tscher. = tscheremissisch, syrj. = syrjänisch, wotj. = wotjakisch, wog. = wogulisch, ostj. = ostjakisch.

Dem *m* im In- oder Auslaut entspricht teils *m*, teils *lm*, z. B. *sem* (Auge): ostj. *sem*, wog. *säm*, aber finn. *silmä*.

Dem *z* im In- und Auslaut entspricht *t* und *d*, z. B. *sāz* (Hundert): wog., ostj. *sāt*, finn. *sata*, md. *śada*.

Dem *g*, *d*, *b* im In- und Auslaut entspricht *ng*, *nd*, *mb* und *nk*, *nt*, *mp*, z. B. *mög* (Hintergrund, hinterer Raum): tscher. *mönges* (zurück) | *jēg* (Eis): ostj. *jēnk* | *odu* (Höhle): md. *undo* (Höhlung) | *åd* (geben): finn. *anta-* | *vēnäbb* (älter): estn. *vanemb* | *eb* (Hund): ostj. *åmp*.

Dem *v* im In- und Auslaut entspricht in gewissen Fällen *m*, z. B. *nēv* (Name): ostj. *nem*, wog. *näm* | *ńälv* (Zunge): wog. *ńälm*, ostj. *ńälem*.

Gehen wir nunmehr zu den Beweisen der Sprachverwandtschaft über. Beginnen wir mit den Übereinstimmungen der Suffixe und betrachten wir einige der ins Auge fallenden.

Dem ungarischen *käl* (aufstehen) und *käl-t* (aufwecken) entspricht im Wog. *kāl-* und *kāl-t-*, im Ostj. *kil-* und *kil-t-*.

Dem in Sprachdenkmälern vorkommenden *fēlä-m-* (erschrecken) entspricht das wog. *pel-m-*, dessen Grundwort *pel-* = ung. *fēl* (sich fürchten) ist.

Das Bildungssuffix des ung. Zeitwortes *fēlä-ml-* (erschrecken) ist mit dem des wog. Zeitwortes *påsa-ml-* (sich auflösen) identisch.

Das Suffix *-p* des veralteten Zeitwortes *āllå-p-* (stehen bleiben) bezeichnet die Plötzlichkeit der Handlung, und dasselbe bezeichnet das *-p* im wog. *mäse-p-* (plötzlich anziehen).

Dem Suffix des wog. *chānt-l-* (Krieg führen, von *chānt* »Heer« = ung. *håd*) entspricht das *-l* im ung. *sō-l* (reden), *dålo-l* (singen).

Vom ung. Zeitwort *ēl* (leben) stammt *älä-vä-n* (lebendig), ebenso vom finn. *elä-* (leben) *elä-vä* (lebend).

Ein vom ung. *ål-* (schlafen) abgeleitetes Wort ist *ālo-m* (Schlaf, Traum), und dem entspricht das ostj. *āle-m* und das wog. *ūlu-m*.

Ung. *läp* (bedecken) = wog. *lāp-*, und das aus diesem gebildete Wort *lāpi-l* (Dach) entspricht dem ung. *läpe-l* (Decke).

Wie der Ungar sagt: *men-ni* (gehen), *kēr-ni* (bitten), *vårr-ni* (nähen), ähnlich sagen auch die Wotjaken: *myn-ny*, *kur-ny*, *vury-ny*, und die Syrjänen: *mun-ny*, *kor-ny*, *vur-ny*.

*Hårmå-d-*, *ned'ä-d-*, *håto-d-* (der dritte, vierte, sechste) = syrj. *kuime-d*, *ńol'e-d*, *kvaite-d*, wog. *chūrmi-t*, *ńīli-t*, *chāti-t* (Stamm: *chūrmi-nt-*, *ńili-nt-*, *chāti-nt-*).

Ung. *vēre-s* (blutig) = finn. *vere-s*, karelisch *vere-s* (blutig, roh, frisch), und ung. *ēvä-s* (-jährig) = tscher. *iä-s*.

Dem ung. *sårv-ū* (-hörnig) entspricht das md. *śur-u* (gehörnt); dem ung. *tåv-i* (Teich-) im Ostj. *tou-i*, und dem ung. *tēl-i* (winterlich) in der wog. Sprache *tāl-i*.

Ung. *nö-tälän* (ledig), *äs-tälän* (unvernünftig) = wog. *ni-täl, is-tål.*

Dem ung. Komparativ *vērešä-bb* (blutiger) entspricht im Lappischen *varrasa-bbū* und *varrasa-p*; dem ung. Komparativ *vēnä-bb* (älter) im Estnischen *vane-mb.*

Den ung. Pluralen *ńilå-k* (Pfeile), *čomō-k* (Knoten) entsprechen im Lappischen *ńuōlåh-k, čuōlmåh-k.* Die Ebenbilder der ung. Pluralformen *käzä-i-* (Hände), *kövä-i-* (Steine) sind das finn. *käs-i-* und *kiv-i-*.

Ung. *fēl-nä* (würde sich fürchten), *men-nä* (würde gehen) = wog. *pel-ni, men-ni,* und ung. *kellä-nä* (es wäre nötig) = tscher. *kel-ne-że.*

Ung. *nävä-m* (mein Name), *näv-ä* (sein Name) und *lovå-m* (mein Pferd), *lov-å* (sein Pferd) = wog. *nåme-m, nåm-ä* und *lū-m, luw-ä*; das ostj. *såmå-m* (mein Auge) stimmt mit dem ungarischen *seme-m* vollkommen überein; ung. *seme-d* (dein Auge) = wotj. und syrj. *śinmy-d*; ung. *tollå-m* (meine Feder) = md. *tolga-m,* und das Personalsuffix des md. *tolga-mok, tolga-muk* (unsere Feder) ist mit dem Personalsuffix des ung. Wortes *ise-muc* (lies *išämük*) »unser Ahn, Vater« der Leichenrede aus dem ersten Viertel des 13. Jahrhunderts identisch.

Die entsprechende Form für ung. *vīze-n* (auf dem Wasser) ist in wog. Sprache *wite-n,* und das wotj. *kuspy-n* (zwischen) entspricht dem ung. *küsöbö-n* (auf der Schwelle). *Poäl-i* (gegen) im Wog. entspricht dem ung. *fäl-ē,* und *ēl-t* (vor) dem ung. *älō-tt*; das wog. Ebenbild des ungarischen Wortes *hosså-tt* (entlang) ist *chōsi-t*; ung. *härmå-n, nēd'ä-n* (ihrer drei, ihrer vier) = wog. *chūrumän, ńilän.*

Unter den Wörtern der verwandten Sprachen pflegen diejenigen gemeinsam und daher einander entsprechend zu sein, die uralte Begriffe benennen oder bezeichnen. So: die Zahlwörter, die Benennungen der Teile des menschlichen Körpers, der Glieder der Familie, ferner die Benennungen von Naturerscheinungen und -gegenständen, die Zeitwörter, welche primitive Tätigkeiten ausdrücken usw. Diese sind meistenteils ursprünglich, während dagegen die Wörter einer weiter fortgeschrittenen Kultur meistenteils Lehnwörter oder Neubildungen und neuere Zusammensetzungen sind. Aus den mit ungarischen verwandten Wörtern führe ich hier — nach Begriffsgruppen geordnet — eine Anzahl an:

1. ZAHLWÖRTER. Die ungarischen Zahlwörter 2—8 laufen: *kēt, härom, nēd', öt, håt, hēt, ńolc,* und die entsprechenden wogulischen Zahlwörter: *kit, chūrum, ńīlä, ät, chāt, sät, ńol*; ung. *hūs* (20): wog. und ostj. *chūs*; ung. *näd'vän* (40): wog. *nälmen*; ung. *ötvän* (50): wog. *ätpen*; ung. *håtvån* (60): wog. *chātpen*; ung. *sāz* (100): wog. und ostj. *sät.*

2. DER MENSCHLICHE KÖRPER:

*fō* (Kopf): finn. *pā*;

*håi* (Haar): wog. *chāi* (Schopf);

*sem* (Auge): ostj. *sem*, wog. *säm*;
*fül* (Ohr): ostj. *pel*, wog. *pil'*, syrj., wotj. und lp. *pel'*;
*īń* (Gaumen): finn. *ien*;
*fog* (Zahn): wog. *punk*;
*ńälv* (Zunge): wog. *ńålm*, ostj. *ńälem*;
*torok* (Kehle): wog. *tor* (das *-k* des ungarischen Wortes ist ein Deminutivsuffix);
*hōn-ålj* (Achselhöhle): syrj. *kon-ult*, *kun-ul*, wotj. *kun-ul*;
*kēz* (Hand): finn. *käsi* (Stamm: *käte-*, *käde-*), wog. *kåt*, ostj. *kēt*, tscher. und lp. *kit*;
*mäll* (Brust): tscher. *mel*;
*lēp* (Milz): tscher. *lep*;
*vēr* (Blut): wotj. *ver*, finn. *veri*, syrj. *vir*;
*ēr* (Ader): ostj. *jēr*.

3. Die Familie[1]:
*ös*, *ös* (Ahn, urspr. Vater; einst auch in der Form *išä-*, s. S. 13): f. *isä* (Vater);
*nö* (Frau): ostj. *nē*, wog. *nä*;
*fi* (Sohn): syrj. und wotj. *pi*;
*öč* (jüngerer Bruder): ostj. *iš*;
*ip-* (Schwiegervater): ostj. *üp*, wog. *up*, finn. *appi*;
*vö* (Schwiegersohn): finn. *vävü*;
*meń* (Schwiegertochter): ostj. *meń*, wog. *mäń*, finn. *miniä*;
*årvå* (Waise): finn. *orpo*.

4. Die Natur:
a) *ēi* (Nacht): ostj. *ei*, lp. *ejj*;
*hō* (urspr. Mond): ostj. *chou*, md. *kou*, finn. *kū*;
*šötēt* (dunkel): wog. Ableitungen von dem entsprechenden Grundworte: *šätem* (Abenddämmerung, dunkel), *šätäp-* (dunkel werden);
*tēl* (Winter): wog. *tål*, tscher. *tel*;
*tåvås* (Frühling): syrj. *tuvys*.
b) *felhō* (Wolke): tscher. *pel*, finn. *pilvi*;
*vīz* (Wasser): wog. *wīt*, finn. *vesi* (Stamm: *vete-*, *vede-*);
*jēg* (Eis): ostj. *jēnk*;
*tűz* (Feuer): ostj. *tüt*;
*tō* (Teich): wog. *tō*, ostj. *tou*;
*jō*, *jou* (Fluß, in Sprachdenkmälern): syrj. *ju*, wog. *jā*;
*håb* (Welle): wog. *chump*;

[1]) Lallwörter, wie ung. *åt'å*, *åpå* (Vater), *ånå* (Mutter) und die ihnen entsprechenden kommen nicht in Betracht.

*kő, köv-* (Stein): wotj. *kö*, tscher. *kü*, ostj. *keu*, wog. *käw*, finn. *kivi*;
*ólom* (Blei): wog. *wōlem*;
*ezüst* (Silber): syrj. *eziś*.
c) *få* (Baum): wog. *på*;
*d'ökēr* (Wurzel): wog. *jēkwar*;
*tő, töv-* (Stamm): finn. *tüvi*;
*kēreg* (Rinde; in der älteren Literatur und in der Volkssprache kommt auch das Grundwort *kēr* vor): wog. *kēr*, ostj. *kår*, tscher. *ker*;
*äper* (Erdbeere; in der älteren Literatur und in der Volkssprache auch *äperj*, *äperjä*): wog. *eåprjech*
d) *lō* (Pferd): wog. *lū*, ostj. *lau*;
*eb* (Hund): wog., ostj. *åmp*;
*ńust* (Marder): wog. *ńochs*;
*šül* (Igel): tscher. *šülö*;
*hål* (Fisch): md. *kal*, finn. *kala*, tscher. *kol*, wog. *chūl*;
*lūd* (Gans): wog. *lunt*;
*läpkä* (Schmetterling): wog. *låpch*;
*fēreg* (Wurm): wog. *pärik*;
*sū* (Holzwurm): ostj. *såu*, wog. *såw*.
5. Geräte:
*hålō* (Netz): ostj. *chålew*, wog. *chūlup*;
*ńil* (Pfeil): wotj. *ńil*, lp. *ńill*, wog. *ńēl*;
*ostor* (Peitsche): wog. *ošter*;
*ńēl* (Stiel): wog. *nål*;
*ār* (Ahle): md. *ura*, finn. *ora* (kleiner Bohrer).
6. Arbeit:
*lő* (schießen): tscher. *lü-*;
*fon* (spinnen): md. *pona-*, lp. *ponna-*, wog., wotj. *pun-*;
*ső, söv-* (weben): wog. *säw-* (spinnen), ostj. *sēu-* (spinnen);
*vårr* (nähen): syrj., wotj. *vur-*;
*moš* (waschen): tscher. *mušk-*.
7. Tun, Geschehen:
*åd* (geben): finn. *anta-*;
*āšīt* (gähnen): wog. *ōsint-*;
*dug* (stecken): finn. *tunke-*, md. *tongo-*;
*äit* (fallen lassen): wog. *äit-*;
*ēl* (leben): tscher. *el-*, finn. *elä-*;
*em-* (saugen: in Sprachdenkmälern): ostj. *äm-*, finn. *ime-*;
*fåd'* (frieren): ostj. *pai-*;
*fål* (gierig fressen): finn. *pala* (Bissen);
*fāz-* (frieren): ostj. *pāt-*;

*fed* (decken): wog. *pänt-*;
*fēl* (sich fürchten): wog. *pel-*;
*fū*, *fuv-* (blasen): wog. *puw-*, tscher. *pu-*, md. *puva-*;
*hāg* (steigen): wog. *chānch-*;
*had'* (lassen): ostj. *chai-*;
*håil-* (sich biegen, sich neigen): wog. *choilål-* (sich mehrmals neigen);
*hål* (sterben): ostj. *chal-*, wog. *chål-*;
*huń* ([die Augen] schließen): ostj. *choń-*, wog. *chōń-*, syrj. *kuń-*;
*jō*, *jöv-* (kommen): wog. *jiw* (er kommt), ostj. *jo-*;
*jut* (gelangen): wog. *jocht-*;
*kap* (greifen, haschen): wog. *kåp-*, wotj. *kab-*;
*käl*, *kēl* (aufstehen): wog. *kål-*, ostj. *kil-*;
*kell* (müssen, nötig sein): tscher. *kel-*;
*köt* (binden): wog. *kat-*;
*läp* (bedecken): wog. *lāp-*;
*läš* (lauern): wog. *lāš-*;
*le-*, *lev-* (sein): lp. *lä-*, finn. *lie-*, tscher. *li-*;
*lök* (stoßen): wog. *lekem-*, finn. *lükkä-*;
*men-* (gehen): wog., ostj. *men-*, finn. *mene-*, *men-*;
*mūl-* (vergehen): wog. *mūl-*;
*ńål* (lecken): ostj. *ńal-*, wog. (mit dem Suffix *-nt*) *ńålent-*, syrj. wotj., *ńul-*, md. *nola-*;
*ńäl* (verschlingen): wotj. *ńel-*, ostj. *ńēl-*, lp. *ńīlle-*, tscher. *nel-* finn. *niele-*, *niel-*;
*ńuit* (dehnen, strecken): wotj. *nuit-*;
*öl* (töten): wog. *äl-*;
*räpäd* (bersten): finn. *repeä-*;
*šüt* (backen, braten): wog. *šit-*;
*säl* (schneiden): wog. *sil-*, tscher. *šel-* (spalten);
*sūr* (stechen): tscher. *šur-*;
*tånīt*, einst *tonocht* (lehren): tscher. *tunəkt-*;
*tār* (ausbreiten, öffnen): tscher. *tar-* (ausbreiten, auseinander sperren);
*tēr* (Raum finden, Platz haben): wotj. *ter-*;
*töm* (stopfen): tscher. *tem-* (füllen);
*tud* (wissen): wotj. *tod-*;
*vål-*, *vol-* (sein): ostj. *ual-*, wog. *ål-*, finn. *ole-*, *ol-*; — wotj. *val* (war);
*vi-*, *viv-* (tragen): finn. *vie-*.

8. Eigenschaft, Quantität:
*hossū* (lang): wog. *chōsä*;

*könnü* (leicht): wog. *kinnä*, ostj. *kēnä*;
*lâpoš* (flach): md. *lapš*;
*mäläg* (warm): ostj. *mēlek*;
*mēl'* (tief): wog., ostj. *mel*;
*ńärš* (roh): wog. *ńăr*, ostj. *ńäre* (das *-š* des ung. Wortes ist ein Deminutivsuffix);
*šok* (viel): wog. *šok*;
*šovăń* (mager): md. *səvańä* (dünn, fein);
*tälä* (voll): wog. *til*, ostj. *tål*;
*ūi* (neu): tscher. *ū*, einst *ui*;
*vēkoń* (dünn): syrj. *vekńi*.

9. Platz, Lage, Richtung:
*ål-* (das Untere, Unterraum): md. *al*, finn. *al-*, *ala*;
*äl* (fort, weg): wog. *äl-*;
*älö* (Vorderraum, Vorderes): wog. *åli*, *ilī*;
*mög* (Hintergrund, hinterer Raum): tscher. *mönges* (zurück);
*hâńâtt* (rücklings): wog. *chåni*;
*sēl* (Rand): wog. *sål*;
*hozzā* (dazu, an): ostj. *chožā*;
*künn* (draußen): wog. *kün*.

10. Fürwörter:
*ēn* (ich): wog. *äm*;
*mi* (wir): lp., syrj., wotj. *mi*, finn. *me*, tscher. *me*, *mä*;
*te* (du): syrj., *te*;
*ti* (ihr): lp., syrj., wotj. *ti*, finn. *te*, tscher. *te*, *tä*;
*ki* (wer): lp. *kī*, finn. *ke-*, tscher. *kü*, syrj., wotj. *kin*;
*mi* (was): lp. *mī*, *mi*, finn. *mi*.

11. Verschiedenes:
*åd'år* (Hauer): wotj. *vadžer*;
*ålom* (Schlaf, Traum): ostj. *åləm*, wog. *ūlum*;
*-e* [Fragewort]: wog. *-e*, *-å*;
*ēnäk* (Gesang); finn. *äni* (Stimme) (das *-k* des ung. Wortes ist ein Bildungssuffix);
*ēv* (Jahr): tscher. *ij*;
*fedēl* (Deckel, Dach): wog. *päntil*;
*fēl* (Hälfte; halb; Seite): wog. *pål*, tscher. *pel*;
*fēsek* (Nest; Deminutivum von *fēs-*): finn. *pesä*;
*hâd* (Heer): wog., ostj. *chånt*;
*küsöb* (Schwelle): wotj. *kusyp* (Zwischenraum);
*lēlek* (Seele; ein mit dem Suffixe *-k* gebildetes Deminutivum): wog. *lel*, *līli*, ostj. *līl*;
*mēz* (Honig): finn. *mesi* (Stamm: *mete-*, *mede-*);

*nēv* (Name): ostj. *nēm*;
*odu* (Höhle): md. *undo* (Höhlung);
*sårv* (Horn): finn. *sarvi*;
*sō, såv-* (Wort): ostj. *såu*, wog. *såw*;
*sőr* (Haar): wog. *šår*;
*toll* (Feder): wog. *towl*;
*üd'* (Angelegenheit): syrj. *udž* (Arbeit, Beschäftigung);
*våi* (Butter): md. *vai*, finn. *voi*, wog. *wōi* (Fett);
*zåi* (Geräusch): wog. *såi*.

Ich glaube, daß die vorgeführten Übereinstimmungen jeden unbefangenen Leser davon überzeugt haben, daß das Ungarische zweifellos eine finnisch-ugrische Sprache ist.

Wenn nun aber die ungarische Sprache ein Glied der finnisch-ugrischen Sprachfamilie ist, dann kann sie nicht in eine andere Sprachfamilie gehören, daher auch nicht in die türkisch-tatarische. Das ist ganz klar. Daß unsere Sprachforscher sie vor 60—70 Jahren für ein die türkisch-tatarische und die finnisch-ugrische Sprachfamilie verbindendes Mittelglied halten konnten, welches sozusagen eher türkisch als finnisch-ugrisch ist, erklärt sich dadurch, daß sie zu jener Zeit die finnisch-ugrischen Sprachen noch sehr wenig kannten, und die methodische Forschung auf dem Gebiete der sog. ural-altaischen Sprachen noch nicht begonnen hat. Jetzt aber, da diese Sprachen hinreichend bekannt sind, da in vergleichenden lexikalischen und grammatischen Werken[1]) zahlreiche Beweise vorliegen, kann nur der behaupten, daß das Ungarische eine türkisch-tatarische Sprache sei, der die Tatsachen nicht anerkennen will. Die ungarische Sprache ist fürwahr durch ungemein viele Fäden mit der finnisch-ugrischen Sprachfamilie verbunden, wogegen sie von der türkisch-tatarischen Sprachfamilie ein so großer Abstand trennt, daß es eine völlige Unmöglichkeit ist, denselben zu überbrücken. Es wäre hier nicht angebracht, nachzuweisen, wie nichtig jene sprachlichen Beweisgründe sind, durch die man die ungarische Sprache ausschließlich mit der türkisch-tatarischen Sprachfamilie — oder wenigstens mit ihr auch — in Verbindung bringen wollte. Bloß einige Momente sollen herausgehoben werden. Auf dem Gebiet der Lautlehre ist es sehr wichtig, daß dem Zeugnis der jetzigen türkisch-tatarischen Sprachen gemäß in

---

[1]) Vgl. J. Budenz, Magyar-ugor összehasonlító szótár [= Ungarisch-finnischugrisches vergleichendes Wörterbuch]. Budapest 1873—1881. — J. Budenz, Az ugor nyelvek összehasonlító alaktana [= Vergleichende Formenlehre der finnisch-ugrischen Sprachen]. Budapest 1884—1894. — J. Szinnyei, Magyar nyelvhasonlítás [= Ungarische Sprachvergleichung]. 6. Aufl. Budapest 1920. — J. Szinnyei, Finnisch-ugrische Sprachwissenschaft. 2. Aufl. Berlin u. Leipzig 1922 (Sammlung Göschen).

dieser Sprachfamilie ursprünglich im Anlaut die Konsonanten *l*, *r*, *n* und *v* nicht vorkamen, während im Ungarischen und in den übrigen finnisch-ugrischen Sprachen so anlautende ursprüngliche Wörter ziemlich zahlreich vorkommen, und diese Anlautskonsonanten waren bewiesenermaßen auch schon in der finnisch-ugrischen Grundsprache vorhanden. Aus der Formenlehre genügt es, anzuführen, daß es im Ungarischen etwa vierzig solcher einfachen Bildungssuffixe gibt, die auch schon in der finnisch-ugrischen Grundsprache vorhanden waren, und 4—5 solcher, die aus der Zeit der ungarisch-wogulisch-ostjakischen Spracheinheit stammen; hingegen kann man aus der türkisch-tatarischen Sprachfamilie insgesamt nur drei solcher einfachen Bildungssuffixe nachweisen, die mit ungarischen Bildungssuffixen — wenigstens anscheinend — übereinstimmen; aber auch diese beweisen nichts, denn den betreffenden ungarischen Suffixen stehen im Finnisch-Ugrischen unzweifelhaft entsprechende gegenüber.

Völlig unhaltbar sind auch die beiden vermittelnden Annahmen, deren Tendenz — wie es scheint — die ist, daß, wenn die ungarische Sprache schon nicht ganz türkisch-tatarisch sein könne, sie wenigstens auch nicht ganz finnisch-ugrisch sei.

Die eine dieser Annahmen ist die, daß das Ungarische ursprünglich eine türkisch-tatarische Sprache war, später aber »finno-ugrisiert« wurde. Es lohnt sich nicht, darüber viele Worte zu verlieren. Es ist absurd, eine Sprachgestaltung anzunehmen, in der von den ursprünglichen Elementen der Sprache nur eben solche Wörter übriggeblieben wären, wie Kamel, Ochs, Käse, Krämer, Fingerhut, Ring, Spiegel, Weizen, Wein, Hefe, Binse, Zeuge, Trauer, Kraft, Verdienst u. dgl., dagegen das ganze Formensystem und solche Wörter wie Kopf, Haar, Auge, Ohr, Gaumen, Zahn, Zunge, Hand, Brust, Herz, Leber, Blut, Ader u. dgl. aus einer fremden Sprache entlehnt sein würden.

Die andere Annahme ist die, daß das Ungarische ursprünglich eine finnisch-ugrische Sprache war, später aber türkisch wurde. Und wodurch sollte das bezeugt werden? Durch das Formensystem nicht, denn dies ist finnisch-ugrisch. Daher würde es nur durch die etlichen hundert türkischen Kulturwörter bezeugt, die man in der ungarischen Sprache nachweisen kann. Wenn aber unsere finnisch-ugrische Sprache durch diese türkisch geworden ist, dann könnte man mit ebensolchem Recht sagen, daß die ungarische Sprache eine slawisch oder deutsch gewordene finnisch-ugrische Sprache sei, denn es gibt in ihr ziemlich viele slawische und deutsche Lehnwörter.

Nein. Die ungarische Sprache ist finnisch-ugrischen Ursprungs und ist bis zum heutigen Tage eine finnisch-ugrische Sprache geblieben.

Alle Sprachveränderungen gehen von Einzelnen aus, und andere Sprachgenossen übernehmen sie von ihnen. Der eine Teil der Sprachveränderungen verbreitet sich über das ganze Sprachgebiet, der andere Teil derselben aber verbreitet sich nur innerhalb gewisser Grenzen. Und so treten die dialektischen Abweichungen auf. Zweifellos teilte sich auch die finnisch-ugrische Grundsprache in Dialekte. Aus diesen Dialekten entwickelten sich nach den stufenweise erfolgten Trennungen des die Grundsprache sprechenden Volkes die jetzigen und die ausgestorbenen finnisch-ugrischen Sprachen. Nach der ersten Sprachspaltung blieb der Bruchteil des finnisch-ugrischen Volkes, der — sagen wir der Kürze halber — den ungarischen Dialekt der Grundsprache redete, mit seinem Nachbar, dem den wogulisch-ostjakischen Dialekt redenden Bruchteile, für lange Zeit vereint. In diesen Dialekten entwickelten und verbreiteten sich schon zur Zeit der Gebietseinheit der Ur-Finno-Ugrier gemeinsame Eigenheiten, die in den übrigen Dialekten nicht vorkamen. Da nun nach ihrer Trennung von den übrigen Finno-Ugriern die diese Dialekte Redenden noch lange Zeit beisammen blieben, so entwickelten sich bei ihnen natürlicherweise noch mehr solcher gemeinsamen Eigenheiten. Demgemäß ist das Wogulische und das Ostjakische der ungarischen Sprache am nächsten verwandt. Diese drei Sprachen bilden den ugrischen Zweig der finnisch-ugrischen Sprachfamilie.

In den finnisch-ugrischen Sprachen finden wir unzweifelhafte Spuren dafür, daß die Finno-Ugrier schon zur Zeit der Grundsprache in ihrer osteuropäischen Urheimat mit Indogermanen in Berührung standen, und zwar in den ältesten Zeiten möglicherweise mit einem die indogermanische Grundsprache, später mit einem die indo-iranische Grundsprache redenden Volke[1]). Von diesen wurde ihre Kultur beeinflußt. Die Berührungen mit den Indo-Iraniern dauerten auch zur Zeit der ugrischen Spracheinheit weiter. Mit Iraniern verkehrten — nach dem Zeugnis einiger Lehnwörter — auch die Ungarn noch, nachdem sie sich von ihren nächsten Sprachverwandten getrennt hatten. Diese Iranier waren — wenigstens zum Teil — Alanen, die Vorfahren der jetzigen Osseten.

Von viel größerem Einfluß auf die Kultur und die Sprache der Ungarn war ein türkisches Volk, die Ost-Bulgaren (anders: die kaukasischen oder Wolga-Bulgaren), mit denen sie um die Mitte des 5. Jahrhunderts in Berührung kamen. Aus der Sprache der Ost-Bulgaren, dem Alttschuwaschischen, bürgerten sich ungefähr zwei-

[1]) Vgl. E. N. SETÄLÄ, Suomensukuisten kansojen esihistoria [= Urgeschichte der finnisch-ugrischen Völker] (Maailmanhistoria [= Weltgeschichte]. II, 491).

hundert Wörter im Ungarischen ein[1]. Im 9. Jahrhundert waren die Ungarn eine Zeitlang die Verbündeten eines anderen, mächtigen türkischen Volkes, der Chasaren. Ein Stamm derselben — die Kabaren — flüchtete sich nach einem mißglückten Aufstand zu den Ungarn und gesellte sich zu ihren sieben Stämmen als achter. Es gelangten auch mittels dieser Berührungen türkische Elemente in die ungarische Sprache[2]. Später — in der jetzigen Heimat der Ungarn — wurde die ungarische Sprache wieder durch Entlehnung türkischer Wörter bereichert, die teils aus der Sprache der angesiedelten Petschenegen und Kumanen[2], teils aus dem Osmanischen stammen. Die osmanischen Wörter sind nicht alle unmittelbar aus dem Osmanischen entlehnt, sondern wurden zum Teil durch Südslawen vermittelt. Die türkischen Elemente des ungarischen Wortschatzes sind also Lehnwörter.

Von diesen Lehnwörtern sind gewisse Wörter und Wortelemente zu scheiden, die sowohl in den türkisch-tatarischen Sprachen, im Ungarischen und in anderen finnisch-ugrischen Sprachen, als auch in den übrigen sog. ural-altaischen Sprachen und Sprachfamilien vorkommen: im Mongolischen, Mandschu-Tungusischen und Samojedischen. Diese Sprachelemente — gering an Zahl —, die noch gar nicht eingehend geprüft worden sind, sind vielleicht Belege der Urverwandtschaft der sog. ural-altaischen Sprachen und Sprachfamilien, können aber keineswegs als Beweise dafür dienen, daß die ungarische Sprache zum türkisch-tatarischen Sprachstamm gehört.

Diese Auffassung des Verhältnisses der ungarischen Sprache und der türkisch-tatarischen ist die einzig richtige; jede andere Auffassung ist unwissenschaftlich und folglich unrichtig.

[1] Vgl. Z. Gombocz, Die bulgarisch-türkischen Lehnwörter in der ungarischen Sprache. Helsinski 1912. (= Mémoires de la Société Finno-Ougrienne. XXX). — Hierzu von dems. Verf.: A bolgár kérdés és a magyar húnmonda [= Die bulgarische Frage und die ungarische Hunnensage] (Magyar Nyelv [= Ungarische Sprache]. XVII, 15) und Ungarische Jahrbücher I, 194.

[2] Vgl. J. Németh, Török jövevényszavaink középső rétege [= Die mittlere Schicht unserer türkischen Lehnwörter] (Magyar Nyelv [= Ungarische Sprache]. XVII, 22).

## II.

Bekanntlich beweist die Sprachverwandtschaft nicht auch die Rassenverwandtschaft der Völker, wie auch die durch dieselbe Muttersprache Verbundenen nicht alle zur gleichen Rasse gehören. Es sind viele Beispiele dafür vorhanden, daß einzelne Völker und Völkerteile ihre eigene Sprache mit einer fremden vertauschten. Die siegreichen pontischen oder Donau-Bulgaren nahmen die Sprache des besiegten slawischen Volkes an und vergaßen ihre türkische Muttersprache. Die Lappen sprechen eine finnisch-ugrische Sprache, die der finnischen am nächsten verwandt ist, während sie in anthropologischer Hinsicht von den Finnen so sehr abweichen, daß man sie unmöglich von gleicher Rasse mit diesen halten kann, sondern annehmen muß, die lappische Sprache sei nicht ihre ursprüngliche, sondern eine angenommene Sprache[1]. Unter den Völkern indogermanischer Zunge und auch in eigenem Kreise einiger gibt es ebenfalls erhebliche anthropologische Verschiedenheiten. Bekannt ist auch der Sprachwechsel der Armenier in Ungarn, sowie, daß das jüdische Volk seine ursprüngliche Sprache aufgab und sich andere Sprachen aneignete.

Die Annahme einiger Schriftsteller, daß die »echten« Ungarn oder »das Gros« der Ungarn nicht ein finnisch-ugrisches, sondern ein türkisch-tatarisches Volk seien, darf man deshalb nicht von vornherein verwerfen. Im Prinzip muß man die Möglichkeit hierfür annehmen. Ob diese aber zur Wahrscheinlichkeit, eventuell zur Gewißheit sich steigert, oder sich als unwahrscheinlich, eventuell als unhaltbar erweist, das hängt davon ab, mit welchen Argumenten die Annahme gestützt werden kann. Prüfen wir diese Argumente der Reihe nach.

Das erste ist, daß die griechischen Schriftsteller[2]) die Ungarn Türken (τοῦρκοι) nennen, und daß auch die orientalischen Schriftsteller (die aus ein und derselben Quelle schöpften) sagen, die Ungarn gehören dem Geschlechte der Türken an. Wer dem Wichtigkeit beilegte der vergißt oder will nicht wissen, daß es ein sehr altes Verfahren, ist, verschiedene Völker mit einem gemeinsamen Namen zu benennen. Für die alten Griechen war jeder Ausländer ein »Barbar«,

---

[1]) Vgl. K. B. Wiklund, Entwurf einer urlappischen Lautlehre. I. (= Mémoires de la Société Finno-Ougrienne. X.), 10—12, und E. N. Setälä, Suomensukuisten kansojen esihistoria [= Urgeschichte der finnisch-ugrischen Völker]. (Maailmanhistoria [= Weltgeschichte]. II, 513.)

[2]) Richtiger: manche griechischen Schriftsteller.

und die Römer nannten auch alle Völker Barbaren, die nicht griechische oder römische Kultur hatten. Unter dem Namen »Skythen« wurde im Altertum eine Reihe verschiedener nördlicher Nomadenvölker zusammengefaßt. Bei VÁMBÉRY lesen wir: »Im 12. und 13. Jahrhundert hatte die Islamwelt Europa und seine Einwohner nur unter dem Sammelnamen Frendsch oder Efrendsch gekannt, welcher bekanntermaßen aus einer Reminiszenz an das Frankenreich unter Karl dem Großen entsprang[1].« Mit einem großen Verstoß gegen die Logik fügt er aber hinzu: »Dieses, und nur dies allein muß auch zu der Zeit Konstantins und Leos der Fall gewesen sein, daher denn auch die noch ungekannten Magyaren den ihnen gebührenden Sammelnamen Turk erhielten[2].« Eher müßte man logischerweise folgern, daß der Name »Türke« ein ähnlicher Sammelname wie »Frendsch« oder »Efrendsch« sein könnte, mit dem man verschiedene Völker bezeichnete, die ungefähr in denselben Gegenden wohnten und in irgendeiner Hinsicht aneinander erinnerten, möglicherweise auch unter ein und derselben Oberherrschaft standen. Und nicht ich, sondern OSKAR PESCHEL, der berühmte Geograph, sagt, daß man im Mittelalter unter »Türken« das verstand, was die Alten unter »Skythen« verstanden, nämlich Nomadenvölker[3]. VÁMBÉRY selbst sagt, daß »schon zur Zeit der Gesandtschaft des ZEMARCHUS die von der Wolga und dem Ural östlich und südöstlich wohnenden Völkerelemente unter dem Sammelnamen Türken bekannt waren«[4]. Nehmen wir nun noch hinzu, daß IBN RUSTAH, GARDÊSÎ und AL-BAKRÎ die Ungarn von Levedia mit dem Namen *Madžghar* bezeichnen, daß die deutschen Quellen die alten Ungarn unter dem Namen *Ungri, Ungari, Ungarii,* die slawischen aber unter dem Namen *Ugri* anführen, und schließlich, daß auch in der griechischen Gemeinsprache der Name οὔγγροι der allgemein gebräuchliche war[5]: dann müssen wir zu der Überzeugung kommen, daß die Bezeichnung τοῦρκοι durchaus kein Gewicht hinsichtlich des Volkstums der Ungarn hat.

Das zweite Argument ist in folgenden Worten VÁMBÉRYs ausgedrückt: »Wir fragen daher, wer könnte wohl nach dem Gesagten die Behauptung wagen, daß das Volk der Magyaren, welches nach so manchem harten Strauß mit seinen ihm ebenbürtigen Stammes- und Standesgenossen, den Petschenegen, sich inmitten des Völkergewimmels

[1]) Der Ursprung der Magyaren, S. 130.

[2]) a. a. O.

[3]) Abhandlungen zur Erd- und Völkerkunde. Neue Folge. II, 9.

[4]) Der Ursprung der Magyaren, S. 135.

[5]) Vgl. J. DARKÓ, Die auf die Ungarn bezüglichen Volksnamen bei den Byzantinern. (Byzantinische Zeitschrift. XXI, 472.)

jener Zeit von der Wolga bis zur Donau durchzuschlagen imstande war, welches, um eine neue Heimat zu gründen, die buntscheckigen Völkergruppen Pannoniens erst besiegen mußte, und welches schließlich durch seine Freibeuterzüge den Süden und Westen des damaligen Europas in Schrecken zu setzen vermochte, daß ein solches Volk dem friedlichen, nur dem Fischfang und der Jagd nach Zobeln und Mardern nachgehenden Stamme der Ugrier angehört hätte? Wie konnte und wie durfte man denn ignorieren, daß der kriegerische und staatenbildende Geist, der den Magyaren zu ihren Erfolgen verhalf und dem sie ihre Erhaltung unter fremden Völkerelementen verdanken, im Grunde genommen nur der Ausfluß solcher Institutionen, Sitten und Gebräuche sein konnte, die von einer nomadischen, Viehzucht treibenden und auf der Steppe lebenden Gesellschaft herrühren, und nicht von einer Gesellschaft, die, in ihrer patriarchalischen Abgeschlossenheit in den Wäldern und an den Flüssen verharrend, sich zu einer heroischen, welthistorischen Tat nie aufgerafft hat, und zu einer solchen sich auch nicht aufraffen konnte? . . . Und so läßt sich denn auch, von den bekannten Tatsachen auf die Vergangenheit schließend, die Behauptung aufstellen, daß das Heer Árpáds nur aus solchen nomadischen Elementen bestehen konnte, die, wie ungefähr die heutigen Turkomanen und Kirgisen, durch den belebenden Geist ihrer gesellschaftlichen Konstitution zu der Rolle, in welcher sie sich auszeichneten, schon von Natur befähigt waren. So wie der Bewohner des Binnenlandes nur selten zum Seefahrer, der Bewohner der Ebene nur schwerlich zum Bergsteiger qualifiziert ist, ebenso konnte der Mensch finnisch-ugrischer Abstammung mit der ihm eigenen Lebensweise sich nie zum Krieger und Weltstürmer herauswachsen. Die Geschichte liefert keinen Beweis für einen derartigen saltus in natura, und eben darum muß das Gros der Magyaren, welches vom alten Pannonien Besitz nahm, dem Ursprunge nach einem nomadischen turko-tatarischen Volksstamme angehört haben[1]).«

Der Kern dieser schwungvollen Rede ist nichts anderes, als ein Ableugnen der Möglichkeit von Entwicklung und Verfall. Die nächsten Sprachverwandten der Ungarn, die Wogulen und Ostjaken, sind jetzt tatsächlich friedliche Fischer und Jäger. Zwar jagen sie nicht nur Tiere kleinerer Art, wie Zobel und Marder, sondern auch Bären, sie sind aber doch nur friedliche Menschen. Daraus folgt indessen keineswegs, daß sie immer friedliche Menschen waren, und selbst wenn sie es immer gewesen wären, dürfte man daraus keine Schlußfolgerung für das gesamte Finno-Ugriertum ziehen. Dem Zeugnis der Sprachen

[1]) Der Ursprung der Magyaren, S. 190—192.

gemäß hatten die finnisch-ugrischen Stämme schon zur Zeit ihres Zusammenlebens ihre Bogen und Pfeile. Ob man da wohl annehmen darf, daß die Ur-Finno-Ugrier diese Waffen nur gegen Tiere wandten, ihre Bogen und Pfeile aber fortwarfen und feige flohen oder sich versteckten, wenn sie Feinde gewahr wurden? Schwerlich. Zwar erzählt die Geschichte nicht von ihnen; daß sie aber nicht vor ihrem eigenen Schatten flohen, das kann man aus einigen späteren Aufzeichnungen folgern, die von den Kriegstaten ihrer Nachkommen handeln.

Über die Finnen ist aufgezeichnet, daß sie im 12. Jahrhundert die Küstengebiete Schwedens oft mit ihren Raubzügen beunruhigten. Um die Mitte des Jahrhunderts fochten sie in harten Kämpfen mit den ansehnlichen Kreuzheeren König Erichs IX. von Schweden, und nachdem dieser siegte, zwang er einen Teil von ihnen zur Annahme des Christentums. Die Stammverwandten derselben, die heidnischen Karelier und ihre Nowgoroder Verbündeten, griffen die zum Christentume bekehrten Finnen beständig an; im Jahre 1164 schlugen sie auch die den Christen zu Hilfe kommenden schwedischen Kreuzfahrer zurück. Dann fielen sie aus Rache in das Innere Finnlands, sogar auch in Schweden ein. Im Jahre 1178 brachen die Karelier wieder in das Gebiet der christlichen Finnen ein, nahmen das Haupt der Kirche gefangen und ermordeten es danach. Im Jahre 1187 brachen sie wieder in Schweden ein, drangen bis zum Mälarsee vor, verwüsteten die Stadt Sigtuna, ermordeten den Erzbischof von Upsala und schleppten massenhaft Beute mit. Noch anderhalb Jahrhunderte hindurch beunruhigten die Karelier und die Nowgoroder Finnland beständig mit ihren Einfällen, aber auch die Finnen überfielen sie zu wiederholten Malen, bis sie endlich im Jahre 1323 Frieden miteinander schlossen. Im Jahre 1490 begannen die Russen einen furchtbar verheerenden Krieg gegen die Grenzstriche Finnlands; im Jahre 1495 belagerte das große russische Kriegsheer die Feste Wiborg, aber das Kriegsvolk des finnischen Adels und die unter Waffen gerufene Bauernschaft, die unter Führung des aus dem Geschlechte Särkilahti stammenden Bischofs Magnus III. stand, rettete die wichtige Grenzfestung. Im letzten Viertel des 16. Jahrhunderts brach der Krieg wieder aus. Unbarmherzig verheerten die Russen die Grenz- und Küstenstriche Finnlands. Die Finnen wehrten sich heldenmütig, und einige Bauernheerführer, wie Thomas Teppoinen und Johann Vesainen, erwarben sich großen Ruhm. Nach dem Kriege brach, Ende 1596, wegen der Erpressungen und Gewalttätigkeiten des im Lande lagernden schwedischen Militärs ein großer Bauernaufstand aus, der 1500 Bauern das Leben kostete. An dem 1609 gegen Rußland begonnenen Kriege, der 1617 mit dem Frieden zu Stolbowa endete, hatten die Finnen den Löwenanteil, denn der größte Teil des schwedischen Kriegsheeres stand im Kriege mit den Dänen. Eine ruhmvolle Rolle spielten die Finnen auch im Dreißigjährigen Kriege. Die finnische Kavallerie, die sich schon im Feldzuge gegen Polen furchteinflößenden Ruhm erwarb, wurde das wahre Entsetzen der Kaiserlichen. Zu seinen tapferen finnischen Reitern hatte Gustav Adolf immer ein großes Vertrauen. Als er die feindliche Kriegsstellung in der Nähe von Demmin besichtigen ging, nahm er 70 von ihnen als Leibgarde mit sich. Die kleine Schar wurde infolge von Verrat in einem Engpaß von über 1500 auf Lauer stehenden Italienern überfallen; tapfer hielten sich die Finnen, obgleich auf jeden von ihnen mehr als zwanzig Feinde kamen; als aber die Italiener trotz des im vorhinein ergangenen Verbotes zu schießen begannen, fielen des Königs Leibgardisten einer nach dem andern, und als Hilfe anlangte, waren nur noch einige Verwundete unter ihnen am Leben. In den Schlachten bei Breitenfeld und Lützen standen die Finnen am äußersten Ende des rechten Flügels, an dem man immer die tapfersten Truppen aufzustellen pflegte. Die schwedischen, deutschen und holländischen Schriftsteller jener Zeit sprechen mit der größten Lobpreisung von ihrer Kriegstüchtigkeit und Heldenhaftigkeit. Selbst wenn die berühmtesten kaiserlichen Truppen gegen sie anstürmten, standen sie doch unerschütterlich auf einem Flecke, gleichsam als hätten die Füße ihrer Rosse Wurzeln gefaßt, und heldenhaft hielten sie dem Ansturm stand; wenn aber die Reihe des Angreifens an ihnen war, so stürmten sie tollkühn auf den Feind los, selbst wenn er zehnmal so zahlreich war wie sie. Ihr Kriegsruf war: »hakkā pälle!« (schlag zu! hau drein!), und daher nannte man sie Hakkapäliter. Die katholischen Priester schalteten in die Litanei eine neue Zeile ein, und im ganzen Lande flehte man in den Kirchen: »A horribili Haccapaelitarum agmine libera nos, Domine!« (Errette uns von der furchtbaren Schar der Hakkapäliter, o Herr!) Der hervorragendste unter den finnischen Feldherren war Gustav von Horn, der Sproß einer alten finnischen Adelsfamilie, den man nach dem Heldentode Gustav Adolfs für den vorzüglichsten General der schwedischen Armee hielt. Ihre Tapferkeit bezeugten die Finnen aufs neue zur Zeit Karls X. in Polen, wo es sich u. a. zutrug, daß in der Burg Tykocz 500 finnische Dragoner sich selbst und den belagernden Feind in die Luft sprengten. Zur Zeit des polnischen Feldzuges (1656) fielen die Russen wieder in Finnland ein. Von dem finnischen Kriegsheere, das sich um diese Zeit auf etwa 20000 Kopf belief, waren kaum einige hundert Mann daheim; deshalb ergriffen in Wiborg auch die Bürger und die Studenten die Waffen, und Bauern verteidigten die Grenzen der Gouvernemente; so gelang es, das Vordringen der Russen zu verhindern.

Der finnische Burghauptmann Olaf, Sohn Benedikts, verteidigte tapfer die Festung Käkisalmi, die von einer ziemlich großen feindlichen Schar umzingelt war. In den Gouvernementen Savo und Kajaani schlugen die Bauern selbst den Feind zurück. Unter der Anführung Karls XII. zeichneten sich die finnischen Krieger 1700 bei Narwa aus. Vollständig vernichtete der Heldenkönig das aus 40000 Mann bestehende russische Heer mit seiner kleinen 8500 Kopf starken Schar, von der ungefähr die Hälfte aus Finnen bestand. Alle russischen Generale fielen in Gefangenschaft, die ganze Feldausrüstung, die Kriegskasse und die Kanonen gerieten in die Hände der Sieger. Im 18. Jahrhundert war Finnland sozusagen ein ständiger Kriegsschauplatz. Am Anfange des 19. Jahrhunderts verteidigten sich die Finnen tapfer gegen die Russen, und schön besang ihre Heldentaten jener Zeit ihr großer Dichter RUNEBERG[1]).

Außer den eigentlichen Finnen und den Kareliern wissen wir auch von anderen finnischen Stämmen, namentlich von den Esten und Liven, daß sie kriegerisch waren. In seinem Werke »Origines Livoniae sacrae et civilis« schildert der Zeitgenosse HEINRICH DER LETTE ausführlich ihre Kämpfe, die sie zu Beginn des 13. Jahrhunderts mit den deutschen Eroberern, mit den Letten und miteinander ausfochten, und in denen er zumeist Augenzeuge war. Die Liven unterwarfen sich schwer und empörten sich mehrmals. Von den getauften, die man in das Heer der Eroberer einreihte, wurden die heidnischen Esten erbarmungslos niedergemetzelt. Von ihren Hauptleuten ist der Name mehrerer verzeichnet; der hervorragendste war Kaupo, der 1217 im Kampfe gegen die Esten fiel. Die Esten, die 52 Burgen hatten, verteidigten sich sehr hartnäckig. Im Jahre 1209 belagerten sie Beverin, die Burg der Letten. Im Jahre 1219 verbündete sich einer ihrer Hauptleute, Lembit von Sakkala, mit den Russen gegen die deutschen Eroberer, so daß der Anführer der Schwertbrüder, der Bischof Albert, gezwungen war, sich an den König von Dänemark Waldemar II. um Hilfe zu wenden[2]). Im Jahre 1241 vereinigten sich wiederum mehrere Stämme zum Kriegszug gegen die deutschen Ritter unter der Anführung Alexander Njewskijs, und unter ihnen waren auch die Karelier, die Finnen der Ladogagegend und Ingermanlands[3]).

---

[1]) Vgl. Y. KOSKINEN, Oppikirja Suomen kansan historiassa [= Lehrbuch der Geschichte des finnischen Volkes]. Helsinki 1870—73. — J. KROHN, Kertomuksia Suomen kansan historiasta [= Erzählungen aus der Geschichte des finnischen Volkes]. Hämeenlinna, Tampere 1872—78.

[2]) P. HUNFALVY, Reise in den Ostseeprovinzen Rußlands, S. 184ff.

[3]) KARAMZIN, Istor. Gos. Ross. IV, 29.

Im 12. und 13. Jahrhundert werden auch in mehreren päpstlichen Urkunden die Angriffe mancher heidnischen finnischen Stämme (der Karelier, der Ingrier, der Woten) und der Lappen gegen das Christentum erwähnt. Papst Gregor IX. befahl in seinem Schreiben vom 9. Februar 1230 dem Erzbischof von Upsala und dem Bischof von Linköping, daß sie in ihrem Kirchensprengel sämtlichen Christen — unter Androhung des Kirchenbannes — verbieten sollen, den erwähnten Heiden Waffen und Eisen zu liefern, damit das Christentum in den an Schweden angrenzenden Gegenden nicht wieder ausgerottet werde[1]).

Die Mordwinen, die jetzt friedliche Ackerbauer sind, waren einstmals ein sehr kriegerisches Volk. Der ungarische Dominikanermönch JULIANUS, der im Jahre 1236 durch ihr Land reiste, schildert sie als ein so grausames Volk, daß man bei ihnen einen jeden geringschätzt, der nicht viele Menschen getötet hat. Wenn sie auf der Straße gehen, so lassen sie die Köpfe der von ihnen getöteten Menschen vor sich her tragen, und je größer die Zahl derartiger Triumphzeichen ist, desto mehr wird der Betreffende geachtet. Aus Menschenschädeln verfertigen sie Trinkgefäße und trinken am liebsten aus diesen. Wer noch keinen Menschen getötet hat, der darf sich nicht verheiraten[2]). Baron von HERBERSTEIN sagt in seinem oben (S. 3) angeführten Werke, daß sie vortreffliche Bogenschützen seien und die Angriffe der räuberischen Tataren oft tapfer zurückschlugen[3]). Die Russen fielen von 1103 an, wo die Mordwinen sie zum ersten Male zurückschlugen, Jahrhunderte hindurch unzählige Male über sie her, aber erst Zar Iwan der Schreckliche vermochte es in der Mitte des 16. Jahrhunderts, sie unter seine Herrschaft zu beugen. Von Zeit zu Zeit fielen auch sie in das russische Gebiet ein; so veranstalteten sie z. B. 1229 unter der Anführung eines ihrer Fürsten, Purgas, einen Angriff gegen die Stadt Njischegorod. Zur Zeit der Mongolenherrschaft dienten viele Mordwinen im Heere der Chane; im Jahre 1377 verwüsteten sie in Gemeinschaft mit den Mongolen die Stadt Njischegorod, und nach der Umkehr der Mongolen zogen sie selbst aus, um die an den Wolgaufern erbauten russischen Dörfer zu zerstören. Im Feldzuge gegen Kasan 1552 unterstützte der mordwinische Fürst Jenikäjev mit seiner Waffenmacht schon Zar Iwan;

---

[1]) G. PORTHAN, Sylloge monumentorum ad illustrandam historiam Fennicam pertinentium. Aboae 1802. IV, 29—31.

[2]) A magyar honfoglalás kútfői [= Quellen der ungarischen Landnahme]. Budapest 1900, S. 472. — Den Titel dieses Werkes führen wir von nun an in der üblichen Abkürzung MHK. an.

[3]) Basler Ausgabe vom Jahre 1551, S. 67.

im Jahre 1572 folgten die Arsamasser Mordwinen dem Zaren in den Feldzug gegen Deutschland. In der ersten Hälfte des 17. Jahrhunderts aber empörten sie sich mehrmals gegen die russische Herrschaft und verübten große Verheerungen[1]).

Auch über Waffentaten der Tscheremissen und Wotjaken sind Aufzeichnungen in alten Quellen erhalten. Am Ende des 12. Jahrhunderts verließen viele Nowgoroder ihre Heimat, ließen sich an der Wjatka nieder und gründeten eine Republik. Anfangs mußten sie vielfach gegen die Tscheremissen und Wotjaken kämpfen, von denen sie unablässig angegriffen wurden, bis sie dieselben endlich überwanden. Der Kampf muß sehr hart gewesen sein, denn wie der Wjatkaer Chronist berichtet, feierten die Russen noch lange, noch im 17. Jahrhundert, zweimal im Jahre die Erinnerung an ihren Sieg dergestalt, daß sie in feierlicher Prozession mit dem Bilde des heiligen Georg die Eisenpfeile, die zur Rüstung ihrer damaligen Feinde gehört hatten, aus dem Dorfe Wolkow nach Wjatka trugen[2]). Zwischen 1524 und 1530 führte der Großfürst Wassilij Joannowitsch ein Heer von 150000 Mann zur Bändigung der Kasaner, die Safa-Girei zum Zaren erwählt hatten und sich samt den Tscheremissen und Tschuwaschen zum Widerstand bereit machten. Es gelang den Tscheremissen, eine Moskauer Reiterschar auseinanderzujagen, aber der Bojar Chabar Simkij trug am Ufer der Swijaga, ungefähr 20 Werst von Kasan, einen großen Sieg über die Tscheremissen und Kasaner davon. Zur selben Zeit erlitt Fürst Iwan Paletzkij, der den Kasanern aus Njischnyj-Nowgorod Nahrungsmittel und Munition zuführen wollte, eine Niederlage auf der Wolga, denn die Tscheremissen hatten den Fluß mit Steinen und Bäumen gesperrt und griffen von dem hohen Ufer aus die Russen mit Pfeilen an. Im Jahre 1530 aber erbeuteten die Tscheremissen 70 Kanonen der Russen und ihren beträchtlichen Munitionsvorrat[3]). In einer vom 31. März 1697 datierten Verordnung wurde dem Fürsten Lwow, dem Woiwoden von Kasan, amtlich befohlen, aufs strengste darauf zu achten, daß den Tschuwaschen, den Tscheremissen und Wotjaken weder Panzer, noch irgendwelches zur Kriegführung geeignete Eisen verkauft werde[4]). Es sei noch erwähnt, daß Baron von Herberstein die Tscheremissen als vorzügliche Bogenschützen rühmt[5]).

[1]) Vgl. F. Barna, A mordvaiak történelmi viszontagságai [= Geschichte der Mordwinen]. (Abhandlungen der Ungarischen Akademie der Wissenschaften. Erste Klasse: Sprachwissenschaft und Literatur. Bd. VI. Nr. 8.)

[2]) Karamzin, Istor. Gos. Ross. III, 33—35.

[3]) Karamzin, Istor. Gos. Ross. VII, 131—133.

[4]) Poln. Sobr. Zak. II, 654—657.

[5]) Rerum Moscoviticarum Commentarii. Basileae 1551, S. 90.

Auch von den Kämpfen der Syrjänen, der Wogulen und der Ostjaken findet man Aufzeichnungen in russischen Chroniken. Oft leisteten sie den mächtigen Nowgorodern heldenmütigen Widerstand; es kam sogar auch vor, wie z. B. in den Feldzügen von 1193 und 1357, daß von den Nowgorodern sich nur einige mit schwerer Mühe heimflüchten konnten[1]).

In der Chronik von Archangel ist verzeichnet, daß der Wogulenfürst Asyka oder Asyk und sein Sohn Jumschan im Jahre 1455 mit einem Heere zur Wytschegda kamen und Pitirim, den Erzbischof von Perm, gefangen nahmen und ermordeten. Dieser Feldzug wird auch in der IV. Nowgoroder Chronik erwähnt. In der ersteren lesen wir, daß der Großfürst Iwan Wassiljewitsch im Jahre 1483 ein Heer gegen den Fürsten Asyka sandte. Das Treffen fand an der Mündung des Flusses Pelym statt, und in der Schlacht fielen viele Wogulen[2]). Ein persischer Schriftsteller des 15. Jahrhunderts erwähnt, daß die Bulgaren auch Schwerter zum Verkauf nach Jūra (= Jugra, Jugria, d. h. das Wogulenland) liefern[3]), und daraus kann man folgern, daß die Wogulen nicht nur von weitem Pfeile gegen ihre Feinde sandten, sondern auch mit dem Schwert Mann gegen Mann kämpften. In den Ukasen vom 20. und 24. September 1620 befahl Zar Michael Feodorowitsch dem Woiwoden von Werchoturje, aufs strengste darauf zu achten, daß die Kaufleute keine verbotenen Waren: Helme, Panzer, Lanzen, eiserne Pfeilspitzen nach Sibirien liefern und den Eingeborenen, den Tataren, Samojeden, Wogulen und Ostjaken verkaufen[4]).

Ich könnte mich auf Sagen und Lieder berufen, in denen das Andenken der kriegerischen Zeit manches finnisch-ugrischen Volkes bewahrt ist; doch ich meine, das Bisherige genügt zum Beweise dafür, daß es auch unter den Finno-Ugriern tapfere Krieger gab, und daher ist die Kriegstüchtigkeit der landerobernden Ungarn nicht eine Eigenschaft, die sie von ihren Sprachverwandten trennen würde.

Auch liegt kein Grund zu der Annahme Kuniks vor, daß »irgendein finnischer (d. h. finnisch-ugrischer) Stamm noch vor Gründung des russischen Reiches von einem türkischen Stamme unterworfen worden, welcher dann später auf den Steppen aus diesen Finnen ein Reitervolk machte, ihnen kriegerischen Geist und den Hang nach räube-

---

[1]) B. Munkácsi, Vogul népköltési gyüjtemény [= Sammlung wogulischer Volksdichtung]. I. Einleitung, S. 85.

[2]) Karamzin, Istor. Gos. Ross. V, 358; — Journal de la Société Finno-Ougrienne. XVII$_4$, 43; — A. Kannisto, Der Wogulenfürst Asyka in Chroniken und Volkstradition (Finnisch-ugrische Forschungen. XIV, 18).

[3]) A. C. Lehrberg, Untersuchungen zur Erläuterung der ältern Geschichte Rußlands. St. Petersburg 1816, S. 49.

[4]) Akty istor. III, 86—88.

rischem Leben einflößte und sie nach Ungarn führte«[1]). Die Geschichte weiß von dieser Unterwerfung nichts; die Sprache aber bezeugt, daß die Ungarn schon vor der Trennung von den Vorfahren der heutigen Wogulen und Ostjaken ein Reitervolk waren, denn *ló*, (Pferd) und *ńäreg* (Sattel) sind gemeinsame Wörter dieser drei Sprachen, und sogar die Benennung des zwei- und dreijährigen Füllen stimmt im Ungarischen und im Wogulischen überein. Kriegerischen Geist und »den Hang nach räuberischem Leben« konnte das ungarische Volk auch von den eigenen finnisch-ugrischen Vorfahren ererben, wie das Beispiel der Verwandten Völker zeigt. Der Zeugenschaft der Sprache gemäß ist *ij* (Bogen) und *ńil* (Pfeil) eine uralte finnisch-ugrische Erbschaft; *håd* in der Bedeutung »Heer« und *tägäz* (Köcher) stammen aus der Zeit der ugrischen Spracheinheit, *kård* (Schwert), *vērt* (Schild) und *vār* (Burg) sind iranischen Ursprungs, all dies war also bei den Ungarn vorhanden, ehe sie, unseres Wissens zum ersten Male mit Türken, nämlich mit den Ost-Bulgaren, in Berührung kamen. Hingegen findet sich unter den Wörtern — ungefähr 200 an der Zahl —, die unsere Vorfahren von den Ost-Bulgaren entlehnten, kein einziger Fachausdruck für Kriegswesen. Das zeugt nicht dafür, daß sie die Meister der Ungarn in der Kriegskunst gewesen seien[2]).

Daß der »staatenbildende Geist. . . . . nur der Ausfluß solcher Institutionen, Sitten und Gebräuche sein konnte, die von einer nomadischen, Viehzucht treibenden und auf der Steppe lebenden Gesellschaft herrühren«, das ist ein geradezu für diese Gelegenheit erfundenes Axiom; die Berufung auf die Turkomanen und Kirgisen aber ist sehr mißlungen, denn davon, daß diese jemals Staaten gegründet hätten, ist in der Geschichte keine Spur zu finden. Auch bei den auf primitiver Stufe stehenden Völkern gibt es eine gewisse gesellschaftliche Organisation: es gibt unter ihnen Führer, Befehlshaber, Richter, und es gibt Untergeordnete, Gehorchende. Bei einem Volke, das vermöge seiner eigenen Kraft und zufolge günstiger Gestaltung der Umstände seine Freiheit zu erhalten weiß, d. h. nicht unter die

[1]) Angeführt bei Vámbéry, Ursprung der Magyaren, S. 392.

[2]) Dieser meiner Ansicht schloß sich auch Z. Gombocz an. »Es ist kaum wahrscheinlich« — so sagt er — »daß die Ungarn — wie es oft angenommen wurde — sich unter dem Einfluß der bulgarischen Stämme zu einem kriegerischen Volke entwickelt hätten. Einen historischen Anhaltspunkt für diese Annahme haben wir nicht; mit der Zeugenschaft der Sprache steht sie in direktem Widerspruche. Ein Volk, aus dessen Sprache die Ungarn nur Fachausdrücke für Ackerbau, Landwirtschaft, Handel und Gewerbe, häusliche Einrichtung usw., aber keinen einzigen Fachausdruck für Kriegswesen übernommen haben, kann unmöglich als Lehrer der Ungarn in der Kriegskunst hingestellt werden.« (Die bulgarisch-türkischen Lehnwörter in der ungarischen Sprache. Helsinki 1912, S. 206.)

Herrschaft eines anderen Volkes kommt, kann sich mit der Zeit aus der primitiven gesellschaftlichen Ordnung eine staatliche Organisation entwickeln; aber nicht jener rätsel- und nebelhafte »staatenbildende Geist«, sondern der Zwang der Umstände entwickelt sie. Der erhebt irgendeinen hervorragenden Mann über die andern und macht ihn zum Oberhaupt, zum Leiter, zum Herrscher des ganzen Volkes. Von dem Talent, der Energie dieses zum Ersten erhobenen Mannes und seiner Nachfolger und wiederum von der Gestaltung der Umstände hängt das Geschick des jungen Staates ab: sein Bestehen oder sein Fall. Unter der großen Menge der türkischen Völker finden sich einige, die Staaten gründeten. Warum aber gründeten dann die anderen keine Staaten, wenn doch nun einmal »der staatenbildende Geist« so sehr mit den Institutionen, Sitten und Gebräuchen des Nomadenlebens verbunden ist? Und wenn es unter den vielen türkischen Völkern nur einigen glückte, bis zur Gründung eines Staates zu gelangen, während alle übrigen unter die Herrschaft anderer Völker gerieten, wie ist es zu verwundern, daß unter den viel weniger zahlreichen finnisch-ugrischen Völkern nur eins sich bis zur Staatengründung emporschwang?

Das dritte Argument ist, daß »die ältesten ungarischen Namen, die erhalten sind, wie Árpád, Zoltán, Geiza u. a., türkischen Ursprungs und nur aus dem Türkischen erklärbar sind« [1]. Hierauf muß ich zuvörderst folgendes bemerken. Die alten ungarischen Geschlechts-, Personen- und Würdenamen wurden durch KONSTANTINOS PORPHYROGENNETOS und durch orientalische Schriftsteller, ferner durch ungarische Chronisten erhalten. Jene Schriftsteller, die Gelegenheit hatten, die von ihnen aufgezeichneten Namen zu hören, waren Fremde. Stellen wir uns nun vor, was aus einem fremden Wort im Gehör- und Sprachorgan eines solchen Hörers werden kann, der manche Laute der betreffenden Sprache nie gehört hat! Das ist eins. Und das andere ist, daß die griechische Schrift zur Wiedergabe mehrerer Laute der ungarischen Sprache unfähig ist, die Lesart der bei orientalischen Schriftstellern vorkommenden Würdenamen aber wegen der Natur der arabischen Schrift unsicher ist. Die ungarische Schrift war zur Zeit der Chronisten noch nicht so entwickelt, daß sie jeden ungarischen Laut mit besonderen Buchstaben hätten niederschreiben können; demzufolge ist die Lesart vieler bei ihnen vorkommenden Eigennamen auch unsicher. Alles zusammengenommen kommen wir zu dem Ergebnis, daß man aus den uns schriftlich überlieferten

---

[1]) H. MARCZALI in der von A. SZILÁGYI redigierten »A magyar nemzet története« [= Geschichte der ungarischen Nation]. I, 35.

Namen nur mit großer Vorsicht auf die Nationalität ihrer einstigen Träger schließen darf, wenn das nämlich überhaupt möglich ist.

Daß jene Namen »nur aus dem Türkischen erklärbar sind«, ist nicht wahr. VÁMBÉRY selbst sagt, »daß hier bei einem Erörterungsversuche das türkisch-tatarische Sprachmaterial nicht mehr ausreicht«, denn unter den Namen haben manche einen Anlaut *l*, *n*, *f*, der in den türkisch-tatarischen Sprachen ungewöhnlich ist, »und in der Tat können die betreffenden Wörter aus dem Türkischen nicht erklärt werden«[1]).

VÁMBÉRY ist bemüht, den türkischen Ursprung von mehr als 70 alten ungarischen Namen zu beweisen[2]), aber sein Verfahren ist durchaus unmethodisch. Ihm genügt es, daß der Name an irgendein türkisches Wort anklingt; wenn er ein solches nicht fertig vorfindet, so bildet er es aus türkischen Elementen und nötigenfalls erlaubt er sich unter Vorsetzung eines »richtiger« eine kleine Umgestaltung des ungarischen Namens. Hier einige Beispiele:

*Jelekh* (Ἰέλεχ) = türk. *jelek* auch *jele* »Feder am oberen Ende des Pfeiles, Mähne, Reiher, auch Kopfbedeckung des Fürsten«.

*Termatzus* (Τερματζούς) »richtiger *termači* oder *tarmači*, möglicherweise auch *tarmašči* = der sich Anstrengende, Ereifernde, von *termašmak* = sich anstrengen«.

*Salmutzis* (Σαλμούτζης) = türk. *salmači* »Schlingenschleuderer«, vom Subst. *salma* »Schlinge« und dem Substantivsuffix *-či*.

*Tarkatzu* (Ταρκατζου) = türk. *tarkači* »der Zerstreuer, der Auseinanderwerfer«, von *tarkamak* »zerstreuen, zerstäuben«.

*Jutotzas* (Ἰουτοτζάς) = türk. *jutači* »Vernichter«, vom Verbum *jutmak* »vernichten, verderben«.

*Chaba* (sprich *čaba*) = türk. *čapak* »einer, der einen Einfall macht, ein Krieger«, von der Stammsilbe *čap*, *čab* »einfallen, angreifen«.

Mit solcher Methode kann man ebenso leicht beweisen, daß die obigen Namen finnisch-ugrischen Ursprungs seien. Z. B.

*Jelekh* = wog. *jelech* »der Untere«.

*Termatzus* = syrj. *termaśyś* »eilend«.

*Salmutzis* = finn. *salamoitsi*: ursprünglich »blitzend« (jetzt »blitzte«).

*Tarkatzu* = finn. *tarkka-sū* »vorsichtig im Reden«.

*Jutotzas* = finn. *joutusa* »schnell«.

*Chaba* (lies *čåbå*) = lapp. *čabba* »schön«.

---

[1]) Der Ursprung der Magyaren, S. 136.

[2]) a. a. O. 136—142, 156—158, 166—171; — vgl. in meiner Besprechung der ungarischen Ausgabe dieses Werkes den über die Eigennamen handelnden Teil: Egyetemes Philologiai Közlöny [= Allgemeine Philologische Zeitschrift] VII, 63—70.

Und mit solcher Methode könnte man auch den germanischen, romanischen, slawischen oder sumerischen Ursprung dieser Namen beweisen. Aber das wäre nur ein etymologisches Spiel, ebenso wie eine derartige Beweisführung für ihren türkischen Ursprung nichts anderes als ein etymologisches Spiel ist.

Die methodische Forschung[1]) bestätigte von den alten ungarischen Geschlechts- und Personennamen, die VÁMBÉRY behandelte, bei insgesamt sieben ihren türkischen Ursprung, aber auch deren von VÁMBÉRY gegebene Erklärung hat sich nur zum Teil als annehmbar erwiesen. Diese sieben Namen sind die folgenden:

*Ālmoš* (nach der Überlieferung der Vater des Fürsten Ārpād, in der Chronik des ANONYMUS — um 1200 — *Almus* geschrieben) = türk. *Almyš* (genommen), der Name eines wolga-bulgarischen Fürsten, der um das Jahr 920 lebte.

*Tåš* (nach der Überlieferung einer der sieben Fürsten) = türk. *taš* (Stein).

*Oluptulma* (in der Chronik des ANONYMUS der Sohn eines kumanischen Fürsten, in einem Kapitel einfach *Tulma* genannt) = türk. *alyp* (Held) und *tolma*, Subst. vom türkischen Zeitwort *tol-* (voll sein, gefüllt sein, sich füllen).

*Åbå* (Geschlechts- und Personenname) = türk. *aba* (Vater, Großvater, Vorfahr usw.).

*Ākoš* (einst *Acus*, *Akus*, *Achus* geschrieben; Geschlechts- und Personenname) = türk. *Akuš* (Personenname, zusammengesetzt aus *ak* »weiß« und *kuš* »Falke«).

*Kåpl'on* (Geschlechtsname, einst *Caplon*, *Caplan* usw. geschrieben) = türk. *kaplan* »Tiger, Panther«.

*Tūrul* (Geschlechtsname, geschrieben *Turul*) = türk. *toghrul*, *tūrul* »ein Raubvogel«[2]).

Aber wenn jene von VÁMBÉRY erklärten Geschlechts-, Personen- und Würdenamen auch wirklich alle türkischen Ursprungs wären, dürfte man daraus folgern, daß die Ungarn Türken waren? Keineswegs. Aus dem türkischen Ursprung dieser Namen könnte höchstens gefolgert werden, daß die herrschende Klasse der Ungarn von türkischer Herkunft war. Aber selbst das brauchten wir nicht unbedingt anzunehmen,

[1]) Vgl. Z. GOMBOCZ, Árpádkori török személyneveink [= Unsere türkischen Personennamen aus der Zeit der Árpádier]. Budapest 1915.

[2]) Den Namen des Fürsten *Ārpād* kann man nicht in eine Reihe mit diesen stellen, denn nur das Grundwort desselben ist türkisch (*ārpå* = türk. *arpa* »Gerste«, ein altes bulgarisch-türkisches Lehnwort, einst sowohl bei den Türken, als auch bei den Ungarn auch als Personenname gebraucht). Der Name *Ārpād* aber ist schon eine ungarische (mit dem Suffix *-d* gebildete) Ableitung vom eingebürgerten türkischen Worte. Vgl. D. PÁIS: Altungarische Personennamen. Ungar. Jahrb. III.

denn es gibt noch eine andere Möglichkeit, nämlich die, daß zur Zeit der Berührung mit dem mächtigen Chasarenvolke die türkischen Namen bei den Ungarn in Mode kamen. Es ist ja doch eine allgemein bekannte Sache, daß es bei der Wahl von Namen Modeströmungen gibt und auch in der Vergangenheit gab. Unzählige Menschen in Finnland führen schwedische Namen, sind aber urwüchsige Finnen. Der Reformator Agricola, ferner Textor, Goethes Großvater, und die Deutschen namens Faber, Molitor usw. waren ebenfalls nicht von römischer Abkunft. Demnach brauchen wir auch die ehemaligen Ungarn mit türkischen Namen nicht für Türken zu halten, wenigstens nicht alle[1]).

Im Lichte der Wissenschaft erweisen sich also die für die türkische Herkunft der Ungarn vorgebrachten Beweisgründe als nichtig.

Daß aber die landerobernden Ungarn ein ganz einheitliches finnisch-ugrisches Volk waren, das wird jetzt sicherlich niemand mehr behaupten. Es wurde oben (S. 21) erwähnt, daß die Kabaren sich im 9. Jahrhundert an sie anschlossen; sie kämpften mit ihnen vereint, und mit ihnen vereint eroberten sie Ungarn. Von ihnen ist verzeichnet, daß sie die ungarische Sprache erlernten[2]), und wir können es für zweifellos halten, daß die Vermischung dieser beiden Völker schon vor der Landnahme begann. Auch das ist sehr wahrscheinlich, daß die früheren Berührungen der Ungarn mit anderen Völkern gleichfalls nicht ohne größere oder geringere Rassenmischung vorübergingen. Daß aber die Ungarn finnisch-ugrischer Abstammung immer die Mehrheit bildeten, ist zweifellos; sie waren die Aufnehmenden und die Assimilierenden, sie übertrugen ihre Sprache auf die sich ihnen anschließenden Volkselemente. Wenn ich aber von Ungarn finnisch-ugrischer Abstammung rede, so will ich damit durchaus nicht sagen,

[1]) Mit dieser Ansicht stehe ich keineswegs vereinzelt da. Seit dem ersten Erscheinen dieser Arbeit hat sich E. N. Setälä über diese Frage folgenderweise geäußert: »Es ist möglich, daß die erste Dynastie der Ungarn, Árpáds Geschlecht, türkischer Herkunft war. Dessen unbedingter Beweis ist jedoch nicht die türkische Herkunft ungarischer Fürsten- und Würdenamen, denn diese können auch einfache Entlehnungen von Türkenvölkern sein, mit denen die Ungarn in nahen staatlichen Beziehungen gestanden haben« (Suomensukuisten kansojen esihistoria [= Urgeschichte der finnisch-ugrischen Völker]. Maailmanhistoria [= Weltgeschichte]. II, 511). — Z. Gombocz sagt über später vorkommende türkische Namen: »Freilich wäre es ein Irrtum zu glauben, daß jeder, den unsere alten Urkunden unter dem Namen Ákos, Turul oder Bese usw. erwähnen, von Petschenegen oder Kumanen abstammt; viel wahrscheinlicher ist es, daß die türkischen Namen ebenso in Mode kamen, wie heutzutage die deutschen und französischen Taufnamen, und daß sich unter ihren Trägern auch so mancher urwüchsige Ungar fand.« (Árpádkori török személyneveink, S. 17). Vgl. D. Pais a. a. O.

[2]) Konstantinos Porphyrogennetos, De administrando imperio. Cap. 39 (MHK. 124).

daß das finnisch-ugrische Urvolk meiner Ansicht nach ganz einheitlicher Rasse war. Wie vorhin gesagt wurde, hatte es Berührungen mit Indogermanen, und es ist möglich, daß einzelne von diesen oder auch ganze Gruppen sich ihm anschlossen und der Sprache nach Finno-Ugrier wurden. Aber wenn sich auch fremde Elemente ihm anschlossen, so war doch die Grundschicht des Urvolkes finnisch-ugrisch. Die Sprache dieser Grundschicht vererbte sich Jahrtausende hindurch von Generation zu Generation und lebt noch heute im Munde der finnisch-ugrischen Völker, unter ihnen der Ungarn. Wenn daher das Ungartum auch verschiedene fremde Elemente in sich aufgenommen hat, ist es doch unbestreitbar, daß die »echten Ungarn« in gerader Linie von den Ur-Finno-Ugriern abstammen.

---

## III.

Sehr wenig ist das, was wir in den ältesten Quellen über die Kultur der Ungarn vor und zur Zeit der Landnahme finden. Die archäologischen Funde aber beschränken sich nur auf einen gewissen Kulturkreis.

Viel zahlreicher und zuverlässiger sind die kulturgeschichtlichen Daten, die die Sprache liefert, wenn wir sie mit gehöriger Vorsicht ins Verhör nehmen. Der Wortschatz enthält Elemente verschiedenen Ursprungs, die man mit Hilfe der Sprachwissenschaft in übereinander gereihte Schichten gruppieren kann, und diese Schichten eröffnen dem prüfenden Auge teils die Urkultur des Volkes, teils seinen Kulturfortschritt.

Die Wörter, als Namen und Ausdrücke für Gegenstände und Begriffe, sind daher die Daten der »sprachwissenschaftlichen Paläontologie«. Da aber der Wortschatz aus der Zeit vor der Landnahme nicht schriftlich überliefert ist, können wir nur auf dem Wege der Folgerung feststellen, welche von den uns interessierenden Wörtern in Betracht kommen, d. h. welche zu jener Zeit vorhanden waren. Das Ergebnis ist folgendes:

Von den in der historischen Zeit der Sprache vorkommenden und größtenteils heute noch vorhandenen Wörtern können zuvörderst die als kulturhistorische Daten dienen, von denen man mittels sprachwissenschaftlicher Kriterien feststellen kann, daß sie aus der finnisch-ugrischen Grundsprache herstammen; ferner die, deren Vorhandensein wenigstens bis zur Zeit der ugrischen Spracheinheit, d. h. bis zu der Zeit vor dem Sonderleben des Ungartums zurückgeführt werden kann. Gleichfalls die Lehnwörter, welche sich nachweisbar noch vor der Zeit der Landnahme in der Sprache einbürgerten. Schließlich auch noch einige Wörter unbekannter Herkunft, von denen man indessen ganz bestimmt feststellen kann, daß sie nicht in dem heutigen Vaterlande der Ungarn entstanden oder entlehnt worden sind.

Aus diesen Daten darf man jedoch nur mit großer Vorsicht Folgerungen ziehen. Das Grundprinzip ist, daß das Vorhandensein eines Wortes auch das Vorhandensein des mit demselben benannten Gegenstandes oder Begriffes bezeugt. Da aber die Wörter dem Bedeutungswandel unterworfen sind, so müssen wir darauf achten, daß wir dem alten Worte nicht irgendwelche moderne Bedeutung unterlegen. Es wäre z. B. ein großer Fehler, daraus, daß das Wort *hāz* (Haus) in der Sprache der Ungarn vor der Landnahme, ja sogar schon in der finnisch-ugrischen Grundsprache vorhanden war, den Schluß zu ziehen, daß die landerobernden Ungarn und sogar schon ihre ur-finnisch-ugrischen Vorfahren in solchen Gebäuden wohnten, wie wir. Aber noch vorsichtiger muß man mit negativen Schlußfolgerungen vorgehen; man darf nämlich aus dem Nichtvorhandensein eines Wortes nicht einfach folgern, daß auch der betreffende Gegenstand oder Begriff nicht vorhanden war; denn es ist ja aus der Sprachgeschichte bekannt, daß Wörter aus der Sprache verschwinden. Anders aber verhält sich die Sache, wenn sämtliche Wörter irgendeines Begriffskreises fehlen; dann ist die Folgerung schon richtig, daß der Begriffskreis unbekannt war. Wenn wir z. B. nicht wüßten, daß die Ungarn vor der Landnahme keine Christen waren, so wäre zur Konstatierung dieser Tatsache vollständig ausreichend, daß alle speziellen Ausdrücke der christlichen Terminologie in ihrer Sprache fehlten.

Die ursprünglichen Wörter werfen in der Regel auf die Urkultur ein Licht; der Kulturfortschritt spiegelt sich zumeist in den Lehnwörtern. Mit neuen Kulturgegenständen und -begriffen bürgert sich gewöhnlich auch die Benennung der betreffenden Gegenstände und Begriffe ein. Daher darf man aus den Lehnwörtern im allgemeinen mit Recht folgern, daß das Volk die betreffenden Gegenstände und Begriffe von einem anderen Volke, und zwar von diesem oder jenem, übernommen hat. Im allgemeinen, aber keineswegs in jedem einzelnen Falle. Es ist ja bekannt, das fremde Wörter auch ohne Notwendigkeit übernommen werden, und es kommt vor, das solch ein fremdes Wort das ursprüngliche verdrängt. Es wäre z. B. naiv, daraus, daß das ung. Wort *sēl* (Wind) ein türkisches Lehnwort ist, zu folgern, daß die Ungarn vor ihrer Berührung mit den Türken den Wind nicht gekannt haben. Nun aber könnte, wohl jemand fragen: wenn die Entlehnung der Wörter die fremde Herkunft der betreffenden Gegenstände und Begriffe, somit ihr früheres Nichtvorhandensein nicht unzweifelhaft bezeugt, wie wagen wir es dennoch, kulturgeschichtliche Folgerungen aus ihnen zu ziehen? Unsere Antwort hierauf ist, daß ein stärkerer kultureller Einfluß in der Einführung ganzer Kulturzweige besteht, und damit ist auch die Entlehnung der entsprechenden Wortgruppen verbunden; stellt es sich demnach heraus, daß ganze Wortgruppen aus einer fremden Sprache übernommen sind, dann ruhen unsere Schlußfolgerungen auf fester Grundlage.

Im nachstehenden versuche ich, zumeist auf Grund der sprachlichen Daten — indem ich aber zugleich auch die geschichtlichen und manche ethnologische Daten benutze — in Umrissen ein Bild von der Kultur des Ungartums zur Zeit der Landnahme zu zeichnen. Es ist selbstverständlich, daß ich hier nicht den ganzen wissenschaftlichen Apparat vorlegen kann, sondern mich bloß auf die Ergebnisse beschränke[1]).

## 1. Fischfang und Jagd.

Die Ur-Finno-Ugrier erwarben sich ihren Lebensunterhalt mit Fischfang und Jagd. Ung. *hål* (Fisch), *īj* (Bogen), *idäg* (Sehne, Bogensehne) und *ńil* (Pfeil) sind finnisch-ugrische Wörter. Die ältesten Fischergeräte, deren Benennungen in der Sprache aufbewahrt sind, war der den Weg der Fische versperrende Damm (*fål*, urspr. »Damm«, jetzt »Wand, Mauer«) und das primitive Angelgerät: der Zweig (*āg*). (Das diesem letzteren entsprechende finnische und lappische Wort bedeutet »Angel«.) Aus den Werken Ibn Rustahs und Gardêsîs erfahren wir, daß auch die Ungarn sich mit Fischfang beschäftigten[2]). Aber die Sprache belehrt uns, daß sie schon vor ihrer Ausscheidung aus der ugrischen Gruppe auch mit Netzen (*hälō*) fischten, und später erlernten sie von den Ost-Bulgaren auch den Gebrauch des vollkommeneren Zugnetzes (*d'ålom*). Ihr Hilfsgerät beim Fischfang war schon in ugrischer Zeit der Kahn (*håiō*, jetzt »Schiff«). Zu ihren Jagdgeräten gehörte auch der Köcher (*tägäz*), dessen Name gleichfalls aus der Zeit der ugrischen Spracheinheit stammt, ferner die Schlinge oder der Fallstrick (*tōr*), dessen Name türkischer Herkunft ist. Der Gefährte

[1]) Die Quellen der sprachlichen Daten sind auf S. 133 der 6. Auflage meines Buches »Magyar Nyelvhasonlítás« [= Ungarische Sprachvergleichung] zusammengestellt. Dazu gesellt sich das wiederholt angeführte Werk von Z. Gombocz: »Die bulgarisch-türkischen Lehnwörter in der ungarischen Sprache«.

[2]) MHK. 168, 169.

und Gehilfe des Jägers war der **Hund** (*eb*), namentlich der **Spürhund** (*kopō*). Wahrscheinlich war auch die Jagd zu Pferde bei den alten Ungarn gebräuchlich; die Erinnerung daran lebt noch heutigen Tages in der wogulischen Volksdichtung[1]).

## 2. Viehzucht und Landbau.

Die Ur-Finno-Ugrier hatten außer dem Hund noch ein Haustier, das Schaf. Zu diesen kam in der ugrischen Periode als drittes das Pferd (ung. *lō*). Mehr Haustiere hatten die Ungarn auch nach ihrer Trennung von ihren nächsten Sprachverwandten nicht, bis sie mit den Ost-Bulgaren in Berührung kamen. Es war zwar in ihrer Sprache das finnisch-ugrische Wort *ämä* (jetzt »Mutterschwein«) vorhanden (diesem entsprechende kommen in sämtlichen sog. ural-altaischen Sprachfamilien vor) und das von demselben abgeleitete *ämšä* (jetzt ebenfalls »Mutterschwein«), aber die Bedeutung dieser Wörter war ursprünglich nur »Weibchen« im allgemeinen; auch das aus der finnisch-ugrischen Grundsprache stammende Wort *üsö* (jetzt »Kalb«) war vorhanden, aber es bedeutete im allgemeinen das Junge verschiedener Tiere. Die größer angelegte Viehzucht erlernten die Ungarn von den Ost-Bulgaren, wie die folgenden Lehnwörter bezeugen: *bikå* (Stier), *ökör* (Ochs), *tinō* (junger Ochs), *ünō* (junge Kuh), *borjū* (Kalb); — *disnō* (Schwein), *ärtän* (verschnittener Eber); — *koš* (Widder), *ürü* (Hammel), *tokl'ō* (einjähriges Lamm); — *käčkä* (Ziege), *ollō* (Zicklein); — *t'ūk* (Henne, einst auch: Hahn). — Aus der Milch (*täi*), deren Name unbekannten Ursprungs ist, aber unbedingt schon vor der Landnahme vorhanden war, lernten sie Butter (*vâi*) machen. *Vâi* ist zwar ein finnisch-ugrisches Wort, bedeutete aber ursprünglich Fett im allgemeinen, und seine Bedeutung wurde offenbar zur Zeit des türkischen Einflusses spezieller. Das kann man daraus folgern, daß die Namen zweier anderer Milchprodukte, der der Buttermilch (*īrō*), und der des Käses (*šâit*), türkischen Ursprungs sind. Das Haar der Schafe benannten die Ungarn vordem zweifelsohne mit den finnisch-ugrischen Wörtern *fån* oder *sör* (Haar), ebenso wie das anderer Tiere; und daß sie von den Ost-Bulgaren das Wort *d'âpjū* (Wolle) entlehnten, beweist, daß sie von ihnen die Verwertung dieses feinen Haares erlernten. — Es sei nebenbei erwähnt — obgleich es, streng genommen, nicht hiergehört —, daß sie die Biene (*mē*) und den Honig (*mēz*) schon von alters her kannten, denn beide Wörter sind in der finnisch-ugrischen Grundsprache vorhanden gewesen; aber natürlich folgt daraus nicht,

[1]) Vgl. B. MUNKÁCSI, Vogul népköltési gyüjtemény [= Sammlung wogulischer Volksdichtung]. III, 133—138 und 171—173.

daß sich die Ur-Finno-Ugrier oder die Ungarn auch mit Bienenzucht beschäftigten.

Ibn Rustah sagt u. a. von den Ungarn, daß sie viele Ackerfelder hatten[1]). Eine Art primitiven Ackerbaues (wenigstens Hirsenbau) mochten sie schon seit uralten Zeiten betreiben; aber den weiter vorgeschrittenen Landbau erlernten sie jedenfalls von den Ost-Bulgaren, wie die folgenden Lehnwörter bezeugen: *būzå* (Weizen), *ärpå* (Gerste); — *tårlō* (Stoppelfeld; bedeutete ursprünglich Ackerfeld und kommt in dieser Bedeutung auch in der alten Literatur vor), *äkä* (Pflug), *šårlō* (Sichel), *käpä* (Mandel), *kēvä* (Garbe), *bogl'å* (Schober), *sōr* (wannen, worfeln, streuen), *ō̈r* (mahlen, dialektisch); — *känder* (Hanf), *čepṻ* (Werg), *tilō* (Hanfbreche, Schwinge), *oršō* (Spindel); — *söllȫ* (Weintraube), *sṻr* (seihen, durchseihen; vgl. *sūrät* »Weinlese«), *bor* (Wein), *šeprō̈* (Hefe); — *komlō* (Hopfen). (Irgendein bierartiges Getränk kannten sie schon früher; der Name desselben [*šō̈r* »Bier«] ist indoiranischen Ursprungs.) — Auch *d'ümölč* (Obst), *ålmå* (Apfel), *körtä* (Birne) und *boršō* (Erbse) sind Wörter türkischen Ursprungs; daraus aber darf man keineswegs folgern, daß die damaligen Türken und Ungarn sich auch mit Obstzucht und dem Anbau von Hülsenfrüchten beschäftigten.

### 3. Hausarbeit, Gewerbe, Handel.

Den größeren Teil der häuslichen Beschäftigungen verrichteten sicherlich die Weiber. Schon zur Zeit der Ur-Finno-Ugrier kochten (ung. *fȫz*), spannen (ung. *fon*) und nähten (ung. *vårr*) sie. Der alte Name ihres Kochgefäßes ist in dem Wort *fåzēk* (Topf) erhalten. Zum Spinnen verwandten sie anfänglich offenbar Pflanzenfasern und Tiersehnen, später Pferdehaar, noch später auch Hanffäden. Ihre Kleider nähten sie sehr lange Zeit hindurch nur aus Tierfellen, zweifellos mit Bein- oder Holznadeln. Der ursprüngliche ungarische Name des Gewandes war **mäzägh*[2]), d. h. Anzug; eine Ableitung von demselben ist das alte *mäzächtälän*, *mäzäitälän*, das heutige *mäztälän, mästälän* »nackt« (urspr. »kleidlos«). Aus der ugrischen Zeit stammt das von den Indo-Iraniern entlehnte Wort *nämäz* (Filz). Aus Filz wurden u. a. wahrscheinlich Fußlappen verfertigt. Die Fußbekleidung der alten Ungarn war eine Art Riemenschuh, den sie mit dem türkischen Lehnworte *šåru* benannten. Die Reiter trugen strumpfartige Stiefel aus weichem Tierfell, genannt **känd'*, welches Wort aus der ugrischen Periode stammt und in der verdunkelten Zusammen-

[1]) MHK. 169.

[2]) Der vorgesetzte Stern ist das Zeichen für erschlossene Formen.

setzung *händ'äl* »Steigbügel« (aus **känd'-ål*, urspr. »Fellstrumpf- oder Stiefel-Unteres«) erhalten ist. Seit dem Verkehr mit den Türken gab es bei den Ungarn zum Verfertigen von Lederkleidern schon Schneider (*söč*, *süč*, jetzt »Kürschner«). Außerdem hatten sie auch Holzarbeiter (*äč*, jetzt »Zimmermann«). Durch das Besuchen der Märkte (*vāšār*) der Iranier und später durch die türkischen Kaufleute (*såtōč*) verbreiteten sich nicht nur notwendige, sondern auch Luxusartikel, wie z. B. Ringe (*d'ürü*), Perlen (*d'önd'*), Spiegel (*tükör*) und mit dem Worte *bāršoń* (jetzt »Samt«) benannte Seidenstoffe. Von GARDÊSÎ erfahren wir, daß die alten Ungarn prunkliebend waren; sie trugen Kleider aus Brokatstoffen, und ihre Waffen waren mit Silber beschlagen [1]). Auch LEO DER WEISE erwähnt ihre Prunksucht [2]). Bei IBN RUSTAH lesen wir, daß sie von Zeit zu Zeit über die benachbarten slawischen Völker herfielen, die ihnen untergeben und tributpflichtig waren, die Gefangenen nach Karch — einem Hafen des oströmischen Reiches — schleppten, sie dort den Byzantinern als Sklaven verkauften und für sie tauschweise Brokatstoffe, Teppiche und andere byzantinische Waren erhielten [3]).

## 4. Kriegswesen.

Neben den friedlichen Beschäftigungen übten die Ungarn von alters her auch das Kriegshandwerk. Wie gesagt, sind auch dafür Beweise in der Sprache vorhanden. *Håd* (Heer) ist ein uraltes finnisch-ugrisches Wort, und wenn seine ursprüngliche Bedeutung auch eine weitere war, so bedeutete es doch in der ugrischen Zeit jedenfalls schon »Heer«, wie die ungarische, die wogulische und die ostjakische Sprache übereinstimmend bezeugen. Im Wogulischen ist ebenso wie im Ungarischen auch eine Ableitung desselben mit der Bedeutung »Krieg führen« vorhanden. In den ältesten Zeiten waren ihre Waffen der Bogen (*ij*) und der Pfeil (*ńil*). Nach der Trennung von ihren nächsten Sprachverwandten bekamen sie von den Iraniern das Schwert (*kård*) und den Schild (*vērt*). Sie kämpften nicht nur zu Fuß, sondern auch zu Pferde, ebenso wie nach dem Zeugnisse der alten Lieder auch die Vorfahren der Wogulen und Ostjaken. Die Pferde (*lö*) der Reiter waren schon lange vor dem Verkehr mit den Türken mit Zäumen (*fēk*), mit Satteln (*ńäreg*) und mit Steigbügeln (*känd'äl*) versehen, und schwerlich fehlte auch der Zügel (*d'eplö*), die Kandare (*kåntār*) und das Fußeisen (*bēkö*), obgleich

[1]) MHK 172.
[2]) MHK. 33.
[3]) MHK. 169—170.

sie diese Benennungen von den Türken entlehnten. Außer Bogen und Schwert hatten sie — wie wir bei LEO DEM WEISEN lesen — auch Wurfspieße und Panzer, und die Vornehmen rüsteten die Brust ihrer Pferde mit Eisen oder Filz[1]. Sie hatten auch Burgen (*vār*), natürlich nicht aus Stein erbaute, sondern offenbar solche Erd- und Holzburgen, wie sie die wogulischen und ostjakischen Lieder erwähnen. Die Benennung des Heerführers war *väzēr*. Dies ist nicht mit dem arabisch-türkischen *Vezir* identisch, wie manche denken, also kein Lehnwort, sondern ein urwüchsiges ungarisches Wort, eine Ableitung vom Grundworte des Verbums *väzät* (führen); dieses Grundwort aber ist finnisch-ugrisch.

### 5. Die Wohnung und ihre Einrichtung, Hausgeräte und Werkzeuge.

Die Ur-Finno-Ugrier wohnten wahrscheinlich in solchen Erdhäusern, d. h. in die Erde gegrabenen Höhlen, wie die alten Indogermanen. Ihre späteren Wohnungen waren schon nur halb unterirdisch; sie waren mit Balken überdacht, und das Balkendach war mit Erde bedeckt[2]. Der Name der unterirdischen Wohnungen der Ur-Finno-Ugrier war das von den Indo-Iraniern übernommene Wort, dessen ungarische Form *hāz* (Haus) ist. Dieser Name vererbte sich dann auch auf die entwickelteren Wohnstätten der späteren Zeit. Wie wir aus dem Werke IBN RUSTAHs erfahren, wohnten die Ungarn vor der Landnahme in Zelten[3]. Das Wort *šātor* (Zelt) ist zwar aus dem Türkischen entlehnt, aber das beweist durchaus nicht, daß sie früher keine Zelte hatten; das Wort *hāz* konnte nämlich einst auch »Zelt« bedeuten, ebenso wie das entsprechende Wort in mehreren verwandten Sprachen z. T. auch heute noch diese Bedeutung hat. Die Zelte von mehr oder weniger Familien bildeten ein Dorf (*fålu*).

Von der Einrichtung ihrer Wohnungen wissen wir nur soviel, daß sie Betten (*ād'*) und Wiegen (*bölčö*) hatten. Die Betten bestanden wahrscheinlich aus Tierfellen, die man auf die Erde oder auf Bänke ausbreitete. *Ād'* ist ein finnisch-ugrisches Wort, *bölčö* ein türkisches Lehnwort; die Bank benannten sie gleichfalls mit einem Worte türkischer Herkunft *sēk* (jetzt »Stuhl«). Von ihren Hausgeräten und

[1]) MHK. 34—35.

[2]) Vgl. O. SCHRADER, Sprachvergleichung und Urgeschichte. 3. Aufl. II, 271. SOPHUS MÜLLER, Urgeschichte Europas, S. 25. — AXEL O. HEIKEL, Die Gebäude der Čeremissen, Mordwinen, Esten und Finnen. (Journal de la Société Finno-Ougrienne. IV. 248.) — B. MUNKÁCSI, Vogul népköltési gyüjtemény [= Sammlung wogulischer Volksdichtung]. I, 226. — U. T. SIRELIUS, Über die primitiven Wohnungen der finnischen und obugrischen Völker. (Finnisch-ugrische Forschungen. VI, 74.)

[3]) MHK. 168.

Werkzeugen kennen wir außer den schon erwähnten den Scheffel (*såpu*), den Trog (*täknö*), die Stampfe (*köl'ü*), die Hacke (*båltå*), die Ahle oder Pfrieme (*är*) und den Fingerhut (*d'üsü*). (Von diesen ist *är* ein in die finnisch-ugrische Grundsprache übernommenes indo-iranisches Wort; die übrigen sind türkischen Ursprungs.)

## 6. Metalle.

Das Kupfer (*rēz*) — das allererste vom Menschen entdeckte Metall —, das Silber (*äzüšt*) und das Zinn (*ōn*) kannten schon die Ur-Finno-Ugrier. Außerdem kannten sie auch das Gold (*årån*); sie lernten es durch die Indo-Iranier kennen, und zwar vermutlich so, daß sie für Tierfelle tauschweise goldene Gegenstände von ihnen erhielten. Das ursprüngliche finnisch-ugrische Wort für Kupfer übertrugen die Ungarn auf das Eisen (*våš*). (Eine ähnliche Übertragung fand auch in mehreren indogermanischen Sprachen statt, z. B. im Sanskrit.) Das Wort *rēz* (Kupfer), das — wie es scheint — ursprünglich Messing bedeutete, übernahmen sie von irgendeinem fremden (kaukasischen?) Volke. Von den Metallen war ihnen auch das Blei (*ōlom*) bekannt.

## 7. Die Familie.

Wörter, wie *ös* (Ahn, urspr. Vater)[1], *nö* (Weib), *fi* (Sohn), *öč* (jüngerer Bruder oder jüngere Schwester), *vö* (Schwiegersohn), *meń* (Schwiegertochter), *ip-* (Schwiegervater), *nåp-* (Schwiegermutter), *änd'* (Schwägerin), *ärvå* (Waise, verwitwet), welche auch in einander fernstehenden finnisch-ugrischen Sprachen vorhanden sind, beweisen entschieden, daß es schon bei den Ur-Finno-Ugriern ein geordnetes Familienleben gab. Die Verwandtschaftsterminologie der Ungarn hat sich in ihrem Sonderleben reichlich ausgebildet; auffallend aber ist es, daß die Türken zu dieser Terminologie nicht ein einziges Wort beigetragen haben. Das fällt deshalb auf, weil die Terminologie der Verwandtschaftsgrade in den türkischen Sprachen sehr entwickelt ist, und in anderen finnisch-ugrischen Sprachen, die gleichfalls einem starken türkischen Einflusse ausgesetzt waren, dieser Einfluß auch auf dem Gebiete der Verwandtschaftsnamen erkennbar ist. So finden sich z. B. in der mordwinischen Sprache unter den 193 türkischen Lehnwörtern 7, in der wotjakischen Sprache unter den 161 türkischen Lehnwörtern 19 Verwandtschaftsnamen; unter den ostbulgarischen und anderen alten türkischen Lehnwörtern des Ungarischen aber, deren Zahl sich auf mehr als 200

[1]) S. die Fußnote auf S. 14.

beläuft, finden wir nicht einen einzigen [1]). Was mag der Grund dieser auffallenden Erscheinung sein? Man könnte als Grund angeben, daß die Verwandtschaftsterminologie der Ungarn schon so entwickelt war, daß eine Entlehnung türkischer Verwandtschaftsnamen unnötig war. Es ist aber bekannt, daß Entlehnung von Wörtern oft auch ohne Notwendigkeit stattfindet, und die Erfahrung erweist, daß eben die Verwandtschaftsterminologie sich leicht ohne Notwendigkeit mit fremden Elementen bereichert. Es waren im Ungarischen ursprüngliche Benennungen für Stiefverwandtschaft vorhanden, und für »Schwager« gab es sogar zwei Wörter, dennoch wurde aus dem Slawischen das Wort *moštohå* (Stiefmutter) und aus dem Deutschen *šōgor* (Schwager) entlehnt. Daß sogar solche Wörter wie »Mutter«, »Gattin«, »Sohn« »Schwiegertochter« Lehnwörter sein können, das bezeugt das Mordwinische und das Wotjakische. (Auch im Ungarischen kommen mundartlich die aus dem Deutschen entlehnten Wörter *fâter* »Vater« und *muter* »Mutter« vor.) Demgemäß hätte der entwickelte Zustand der ungarischen Verwandtschaftsterminologie der Entlehnung türkischer Verwandtschaftsnamen nicht im Wege gestanden. Da fremde Verwandtschaftsnamen sich fast ausschließlich durch Mischehen einbürgern, kann das Fehlen türkischer im Ungarischen nur so erklärt werden, daß zahlreichere Eheschließungen zwischen Ungarn und Türken nicht eher vorkamen, als nachdem die letzteren ihre Sprache mit der ungarischen vertauscht hatten [2]).

Ob die Ungarn Monogamen oder Polygamen waren, das wissen wir nicht; es gibt keine Belege dafür. Die Äußerung des ANONYMUS, daß sie Monogamen waren, will nicht viel sagen; gewichtiger ist das, was JULIUS PAULER vorbringt, daß nämlich »während das junge tschechische, polnische Christentum gegen die Vielweiberei viel zu kämpfen hatte, in ungarischen Gesetzen gegen dieselbe keine Maßregeln zu finden sind« [3]). Daraus können wir natürlich unmittelbar

---

[1]) Z. GOMBOCZ (Die bulgarisch-türkischen Lehnwörter in der ungarischen Sprache, S. 191) führt als den einzigen von den Ost-Bulgaren entlehnten Verwandtschaftsnamen das Wort *iker*, *ikrek* (Zwillinge) an. Die Bedeutungen des Wortes *iker* sind in der älteren Sprache und in den Mundarten: 1. »zweifach, doppelt, gepaart, Zwillings-«; 2. »die gabelförmige Verzweigung des Baumes«. In der Bedeutung »Zwillingskind« wurde es im Jahre 1770 aus den Sekler-Mundarten in die Schriftsprache eingeführt (a. a. O. 87). Da das Wort *iker* in alten Urkunden als Attribut von »Strauch«, »See«, »Bach«, »Berg«, »Hügel«, »Stein« u. dgl. vorkommt, kann es meines Erachtens nicht als eigentlicher Verwandtschaftsname betrachtet werden.

[2]) Mit Genugtuung erwähne ich, daß Prof. J. NÉMETH mir mitgeteilt hat, daß er das Fehlen türkischer Verwandtschaftsnamen in ähnlicher Weise erklärt.

[3]) A magyar nemzet története Szent Istvánig [= Geschichte der ungarischen Nation bis Stephan dem Heiligen]. Budapest 1900, S. 128.

nur auf die Zustände der späteren Heidenzeit einen Schluß ziehen, mittelbar aber auch auf die der vorgeschichtlichen Zeit. Gleichwohl — mit Rücksicht auf die Entwicklung der Ehe im allgemeinen, wie auch auf die Sitten anderer gleichzeitiger und z. T. benachbarter Völker — wage ich nicht anzunehmen, und auch PAULER nimmt das nicht an, daß es bei den Ungarn vor der Landnahme durchaus keine Vielweiberei gab. Soviel aber ist sicher, daß nur die Wohlhabenden sich zwei oder mehr Frauen halten konnten, die ärmeren Männer aber sich mit einer begnügen mußten, ebenso wie auch jetzt die Unbemittelten bei den Völkern, denen der Islam die Vielweiberei gestattet. Der arme Mann konnte sich schwer eine Frau verschaffen. Der Ausdruck *ålådō leäń* (heiratsfähiges, wörtlich: zu verkaufendes Mädchen), der sich aus uralter Zeit erhalten hat, bezeugt nämlich, daß auch der ungarische Jüngling einstmals das Mädchen vom Vater kaufen mußte, wie die alten Indogermanen es kauften, und wie es noch heutzutage die östlichen Finno-Ugrier und die Türken kaufen. Der Kaufpreis — der bei den alten Ungarn sowie bei den erwähnten Völkern ziemlich beträchtlich sein mochte — diente dem Vater als Entschädigung für den Unterhalt des Mädchens und für den Verlust der Arbeitskraft. Wer heiraten wollte, konnte die Bezahlung nur dadurch vermeiden, daß er seine Erwählte entführte. GARDÊSÎ sagt: »Hinsichtlich der Brautwerbung haben sie (nämlich die Ungarn) folgende Sitte. Wenn der Heiratskandidat irgendein Mädchen heiraten will, so bezahlt er den Brautpreis, der seinem Reichtum gemäß aus einer größeren oder geringeren Zahl von Pferden besteht.« Und weiter unten: »Er (der Bräutigam nämlich) schickt den für die Braut festgesetzten, aus Pferden, Geld und Waren bestehenden Brautpreis; danach bringt man jenes Mädchen in sein Haus«[1].

Bemerkenswert ist das uralte Wort *åtvål* (Stiefvater), eine Zusammensetzung nach finnisch-ugrischer Denkungsart (eigentlich: »Vaterhalb«), die in einigen Sprachdenkmälern erhalten ist. Dieses Wort bezeugt, daß bei den alten Ungarn den Witwen das Heiraten nicht verboten war, wie bei manchen alten indogermanischen Völkern; denn das Vorhandensein des Begriffes »Stiefvater« beweist, daß es mit Kindern gesegnete Witwen gab, die sich wieder verheirateten, und wenn diese das durften, war es gewiß auch den kinderlosen gestattet[2].

---

[1]) Ethnographia. XXVIII. Budapest 1917, S. 202.

[2]) Das zweite Glied der Zusammensetzung in *åtvål* (aus früherem **åtåvål*) ist *vål*, durch Vokalangleichung aus **väl* entstanden. Dies **väl* war eine intervokalische Nebenform des Wortes **päl*, aus dem das spätere *fälä-*, *fēl* »halb« sich entwickelt hat. Die Zusammensetzung stammt also aus jener vorgeschichtlichen Zeit, als sich der Lautwandel *p—f* im Anlaut noch nicht vollzogen hat.

## 8. Staatliche Einrichtungen.

Nach KONSTANTINOS PORPHYROGENNETOS[1]) bestand das Ungartum aus sieben Stämmen. In älteren Zeiten hatten sie keinen Fürsten, sondern »Woiwoden«, worunter offenbar die Stammeshäupter zu verstehen sind. Die Äußerung des gelehrten Kaisers, daß die Ungarn »niemals einen aus ihrer Mitte oder einen Fremden zum Fürsten erhoben«, kann ohne Schwierigkeit mit der unmittelbar darauf folgenden in Einklang gebracht werden, nämlich daß »sie aber Woiwoden hatten, unter denen Levedias der erste war«[2]). Offenbar ist das so zu verstehen, daß sie keinen ständigen Fürsten hatten, wenn sich aber die Stämme zum Angriff oder zur Verteidigung vereinigten, so anerkannten sie eines der Stammeshäupter als ihr gemeinsames Oberhaupt, als ihren Anführer. Auf Anregung des Chagans der Chasaren erwählten sie zum ersten Male einen ständigen Fürsten in der Person Ārpāds. Neben dem Fürsten behielt ein jeder Stamm auch weiterhin sein Oberhaupt. Außerdem gab es noch zwei hohe Würdenträger: den γυλᾶς und den καρχᾶς, die ein Richteramt bekleideten. Laut der Angabe IBN RUSTAHS und GARDÊSÎS[3]), die beide ihre Daten aus der Handschrift DSCHAIHÂNÎS entnahmen, war der Titel ihres »Fürsten«, ihres »Hauptkönigs« oder »größeren Königs« *kündü*. Und IBN RUSTAH fügt hinzu, daß »der Titel des Mannes, der über alle herrscht, *džila* ist. Jeder Ungar gehorcht dem *džila* und befolgt seine Befehle betreffs des Angriffes, der Verteidigung und anderer Dinge«. GARDÊSÎ aber sagt, daß der, »der die Angelegenheiten leitet, *džila* genannt wird«. Dieser *džila* war offenbar identisch mit dem vom Kaiser KONSTANTINOS erwähnten γυλᾶς. Der Würdename ist türkischen Ursprungs und ist aller Wahrscheinlichkeit nach im Personennamen *D'ulā* erhalten[4]).

Von den Ausdrücken der Rechtspflege waren *bīrō* (Richter) und *bīršāg*, was ursprünglich Urteil bedeutete (jetzt »Geldstrafe«), zweifellos schon vor der Landnahme vorhanden. Das Wort für Zeuge (*tānū*) ist türkischen Ursprungs; das Verhältnis des Wortes *törvēń* (Gesetz) zu dem türkischen *törü* (Sitte, Gewohnheitsrecht, Entscheidung, Regierungsgewalt) und *törä* (Gesetz) ist unklar.

---

[1]) MHK. 119—128.

[2]) D. h. der höchste, der Hauptwoiwode.

[3]) MHK. 167—173.

[4]) Vgl. G. NAGY (Turul. IX, 54); V. HÓMAN (Turul. XXX, 107 ff.); J. NÉMETH (Magyar Nyelv [= Ungarische Sprache]. XVIII, 4).

## 9. Religion.

IBN RUSTAH und GARDÊSÎ berichten, daß die alten Ungarn Feueranbeter, AL-BAKRÎ aber sagt, daß sie Götzendiener waren [1]). Dieser letztere schöpfte aus derselben Quelle, wie die beiden ersteren, nämlich aus der Handschrift DSCHAIHÂNÎS. Aus der Übereinstimmung der beiden ersteren Schriftsteller muß man folgern, daß die Ungarn in ihrer gemeinschaftlichen Quelle, die uns nicht erhalten ist, als Feueranbeter bezeichnet waren, und es ist unbegreiflich, woher AL-BAKRÎ den Götzendienst nahm. Es muß indessen bemerkt werden, daß DSCHAIHÂNÎ das, was er über die Ungarn und andere Völker schrieb, nicht aus eigener Erfahrung wußte, sondern von verschiedenen Reisenden gehört hatte. Daher ist die Glaubwürdigkeit seiner Angaben nicht ganz zweifellos.

Die Feueranbetung dürfen wir keinesfalls so verstehen, als ob die alten Ungarn Anhänger des Parsismus, der dualistischen Glaubenslehre ZOROASTERS, gewesen wären. Im Ungarischen finden sich zwar zweifellos Spuren eines iranischen Kultureinflusses, aber diese Spuren sind nur spärlich und nicht ganze Kulturkreise umfassend. Folglich kann der iranische Kultureinfluß nicht so stark gewesen sein, daß die Übernahme einer Glaubenslehre auf diesem Wege angenommen werden könnte.

Die Urreligion der finnisch-ugrischen Völker — wie wahrscheinlich die aller Völker — war die Anbetung der Natur selbst. Sie beteten den Himmel, das Wasser, das Feuer, den Wind, den Wald usw. selbst an, und erst später personifizierten sie die Naturgegenstände und -erscheinungen, indem sie allen einen besonderen Geist (»Gott«) zuschrieben [2]). Aber diese Personifizierung ist bei den östlichen finnisch-ugrischen Völkern noch heutigen Tages nicht vollkommen durchgeführt, denn neben ihr herrscht vielfach noch die alte Auffassung. Die mordwinische Feuer-Mutter »lodert«, die Wasser-Mutter »fließt«, die Erd-Mutter »wird gegraben« und »wird besät«, die mordwinische Getreide-Mutter singt zwar in mordwinischer Tracht, aber sie sagt in ihrem Liede, daß sie »am Morgen gesät, in der Abenddämmerung eingeerntet ist«; der wogulische Himmels-Vater »dämmert«, »wird Abend«, »wird Frühling«, »schneit«, »regnet« usw. [3])

---

[1]) MHK. 169, 172, 195.

[2]) Vgl. M. A. CASTRÉN, Vorlesungen über die finnische Mythologie. (Nordische Reisen und Forschungen. III.)

[3]) H. PAASONEN, A finn és a cseremisz isten-névről [= Über den Namen Gottes im Finnischen und im Tscheremissischen] (Nyelvtudományi Közlemények [= Sprachwissenschaftliche Mitteilungen] XXXVII, 16, 17). — B. MUNKÁCSI, Vogul népköltési gyüjtemény [= Sammlung wogulischer Volksdichtung] I, Einleitung, S. 284 ff.

Die Urreligion der Ungarn war gewiß eine ebensolche Naturanbetung wie die ihrer Verwandten. Wenn daher DSCHAIHÂNÎS Gewährsmann von ihnen behauptete, sie seien Feueranbeter, so lag dieser Behauptung eine nur mangelhafte Beobachtung zugrunde, denn sicherlich beteten sie nicht nur das Feuer, sondern die ganze Natur an. Sie hatten, ebenso wie ihre heidnischen Verwandten, heilige Stätten, Quellen, Bäume, Steine, an denen sie ihren Göttern opferten. Dafür haben wir einen unbestreitbaren Beweis aus der letzten Zeit des Heidentums. Ein Gesetzartikel des Königs LADISLAUS DES HEILIGEN bestimmt nämlich: »Jedweder, der nach der Sitte der Heiden bei Brunnen opfert oder Opfer an Bäume, Quellen und Steine trägt, soll zur Sühne mit einem Ochsen büßen« (Decret. I, 22). Das Andenken derartiger heiliger Stätten ist wahrscheinlich in folgenden Wörtern alter Urkunden bewahrt[1]: *āldōkūt* (*aldo cut* 1193, *aldoucuth* 1214, *aldoukut* 1223) »Opferbrunnen«; *ed'kȫ* (ad quandam rupem que *hegku* vocatur 1287) »heiliger Stein«; *üd'få* (*vgufa* 1193) »heiliger Baum«. (Das erste Glied dieser letzteren Zusammensetzungen ist dasselbe »heilig« bedeutende Wort, das noch jetzt in *ēd'hāz* »Kirche« und anderen Wörtern erhalten ist.)

Neben der primitiven und entwickelteren Stufe der Naturanbetung findet sich bei den östlichen Finno-Ugriern auch der Götzendienst, der sich aus dem Totenkultus entwickelte[2]. Ohne Zweifel fand dieser sich auch bei den alten Ungarn vor. Einen sicheren Beweis dafür gibt es nicht, denn auf die oben erwähnte Behauptung AL-BAKRÎS kann man nicht viel Gewicht legen, und auch das Wort *bālvāń* (jetzt: »Götze«) beweist nichts, denn es bedeutete ursprünglich einen Grenzstein oder eine Säule; wir können es aber doch für unzweifelhaft halten, weil es zum heidnischen Glauben gehört.

Unter den Gegenständen der Naturanbetung nimmt der Himmel den ersten Platz ein. Aus ihm strömt alles Gute auf die Erde: das Licht, die Wärme, der erfrischende und befruchtende Regen. Wohin der Mensch auch immer gehen möge, überall ist der Himmel über ihm und sieht jeden seiner Schritte. Wenn böse Menschen ihn erzürnen, dann läßt er seine Donnerstimme hören und versendet seine Feuerpfeile, die auch die guten Menschen erbeben machen. Aus alledem bildet sich mit der Zeit der Begriff des gütigen und mächtigen Himmelsgeistes, des »Hauptgottes« aus, der, wie der wogulische *Numi-Tārem* »der in dem Himmel thronende allmächtige Urgott ist,

---

[1]) SZAMOTA-ZOLNAI, Magyar Oklevél-Szótár [= Ungarisches Urkunden-Wörterbuch] und Magyar Nyelvőr [= Ungarischer Sprachwart]. XXIII, 331.

[2]) B. MUNKÁCSI, Vogul népköltési gyüjtemény [= Sammlung wogulischer Volksdichtung]. I. Einleitung, S. 165, 200.

der Schöpfer der Welt und alles dessen, was gut in ihr ist, der Herr über Leben und Tod, der gnädig für seine Geschöpfe sorgt, aber Schuld und Ungerechtigkeit nicht ungeahndet läßt«[1]. So entwickelte sich bei sämtlichen verwandten Völkern aus dem Begriff und Namen des Himmels der Begriff und Name des Himmelsgottes. Das Reich des Himmelsgottes ist der Himmel und die Erde; außerdem aber gibt es, wahrscheinlich in der Phantasie aller Völker, noch eine unsichtbare Welt: die Unterwelt. Der Fürst derselben, der Teufel, ist der Urheber alles Bösen, alles Übels in der sichtbaren Welt. Dem Himmelsgotte sind die übrigen »guten Geister« untergeordnet; der Teufel aber herrscht über eine Schar »böser Geister«, die mit ihm nach dem Verderben der Menschen trachten.

Diese Stufe der Entwicklung hatte sicherlich auch die Glaubenswelt der heidnischen Ungarn schon erreicht. Als höchstes geistiges Wesen verehrten sie den im Himmel wohnenden Gott (*ištän*). Ob das Wort *ištän* ein finnisch-ugrisches oder ein Lehnwort ist, das ist bisher — trotz wiederholter Versuche — unaufgeklärt. Ich halte es für wahrscheinlich, daß die ursprüngliche Bedeutung desselben ebenfalls »Himmel« war, wie die des Wortes »Gott« in den übrigen finnisch-ugrischen Sprachen, im Türkischen, im Mongolischen und in mancher indogermanischen Sprachfamilie. Welchen Ursprungs aber das Wort *ištän* auch sei, soviel ist ganz sicher, daß es schon vor der Landnahme in der Sprache der Ungarn vorhanden war. Und daß die christlichen Missionäre diesen Namen beibehielten, das zeugt dafür, daß der Begriff des heidnischen Hauptgottes der Ungarn so ziemlich mit dem christlichen Gottesbegriff übereinstimmte. Das Wort *ördög* (Teufel), dessen Ursprung auch unbekannt ist, wurde gleichfalls aus der Sprache der heidnischen Ungarn in die christliche Terminologie übernommen. Auch die folgenden Wörter sind Überreste der heidnischen Religionsterminologie: *imād* »anbeten«, ursprünglich »beten«; *āld* »segnen«, ursprünglich »opfern«; ferner die folgenden Wörter türkischen Ursprungs: *id-*, *üd-*, *ed'-* »heilig«[2] (in *innäp, ünnäp*, mundartlich *innåp, ünnåp,* in der alten Literatur *idnäp, üdnäp*, ursprünglich **idnåp, *üdnåp* »heiliger Tag«; *ül,* ehedem *ill-, üll-* und *idl-*, *üdl-* »feiern«; *idvez, üdvöz* »selig«; *ed'hāz* »Kirche«, s. weiter oben); *bosorkāň* (Hexe); *bū* und *bāi* (Zauberei, Hexerei); *igä*, das »Wort« im allgemeinen bedeutete, im engeren Sinne aber auch die Bedeutung »Zauberwort, Zauberspruch« hatte (vgl. die Ableitung *igēz* »bezaubern«), in der es mundartlich auch heutzutage gebraucht wird.

---

1) B. Munkácsi a. a. O. 281.

2) Vgl. J. Németh (Kőrösi Csoma-Archivum. I, 242).

Die heidnischen Ungarn hatten auch Schamanen, und deren Name ist in dem Worte *tältoš* erhalten, das in der geschichtlichen Zeit« Magier, Zauberer« bedeutete. Sie waren die Hüter der Hauptgötzen, sie veranstalteten die Opferfeste, prophezeiten und heilten. Wenn sie den Geist irgendeines Götzen beschwören wollten, um ihn zu etwas zu bewegen oder die Zukunft von ihm zu erfahren, so brachten sie sich durch Betäubungsmittel oder schwindelerregendes Tanzen in den Zustand der Bewußtlosigkeit, und die Benennung dieses bewußtlosen Zustandes war *rēvölēš*, *rēvölät* oder *rivölēš*, *rivölät*. (Auch dieses Wort wurde von den christlichen Priestern zur Benennung der Ekstase der Heiligen beibehalten.)

* * *

So sehe ich im Lichte der Sprachwissenschaft jenes Volk, das sich, von den Petschenegen bedrängt, vor einem Jahrtausend aufmachte, um ein neues Vaterland zu suchen.

# Ungarische Jahrbücher

**Herausgegeben von ROBERT GRAGGER**

## Inhalt des zweiten Bandes.

### I. Aufsätze und Berichte:

BUDAY, L. v., Agrarpolitische Zukunftsaufgaben. / DOMANOVSZKY, A., Die Vergangenheit der ungarischen Donau-Handelsschiffahrt. / FEHÉR, G., Ungarns Gebietsgrenzen in der Mitte des 10. Jhdts. / GRAGGER, R.: Ungarische Institute für Geschichtsforschung. / HÓMAN, B., Der Ursprung der Siebenbürger Székler. / KÁROLYI, Á., Stefan Széchenyis beschlagnahmte Schriften. / KOVÁCS, A., Die Wiedergeburt der ungarischen Volkskraft. — LOSONCZY, Z., Die ungarische Sprachwissenschaft 1920—21. / NYULASZI, Joh., Staatsverträge zur Regelung von Steuer- und Gebührenfragen. / THIENEMANN, Th., Die deutschen Lehnwörter der ungarischen Sprache.

### II. Kleine Mitteilungen und Anzeigen:

BABINGER, F., Franz Kidrič, Bartholomaeus Gjorgjevič. / BOLTE, J., Finnische und estnische Volksmärchen. / BRINKMANN, C., Bulgarisch-ungarische Beziehungen V.—XI. Jahrhundert. / Osteuropäisches Jahrbuch. / GRAGGER, R., Friedrich Riedl †. / Florian Holik, Index Miraculorum. / MÁLYUSZ, E. v., H. Schlitter, Versäumte Gelegenheiten. / MECKELEIN, R., K. F. Karjalainen, Die Religion der Jugra-Völker. / MEZGER, F., Altgermanische Zeugnisse zu ost- und nordeuropäischen Völker- und Ländernamen. / N., v., A. Fabricius, Die ungarische Pflanzenveredlung. / PALLÓ, M., Die altaische Völker- und Sprachenwelt. / Jacob Naphtali Simchowitsch. Studien zu den Berichten arabischer Historiker über die Chazaren. / PRINZ, G., Ludwig Lóczy †. / SCHÜNEMANN, K., Eine neue Deutung des ungarischen Wappens. / Neue Nachrichten über die Ungarn der Landnahmezeit. / Eine Neuerscheinung auf paläographischem Gebiet. / ZSINKA, F., Áron Szilády. / Das Ungarische Institut an der Universität Berlin i. J. 1921. — Gesellschaft der Freunde des Ungarischen Instituts zu Berlin (E. V.) 1921. / Bibliographie.

### III. Besprochene Werke:

FABRICIUS, A., A magyar növénynemesités. / FEHÉR, G., Bulgarisch-ungarische Beziehungen in den V.—XI. Jahrhunderten. / FODOR, F., Osteuropäisches Jahrbuch. / HAJNAL, St., Irástörténet az irásbeliség felujulása korából. / HOLIK, F., Index Miraculorum Marianorum Indici A. Poncelcti in Annal. Boll. I. XXI vulgato superaddendus / HORVÁTH, A., Magyarország cimere. / KARJALAINEN, K. F., Die Religion der Jugra-Völker / KÁROLYI, A., Gr. Széchenyi István döblingi irodalmi hagyatéka. / KIDRIČ, F., Bartholomaeus Gjorgjevič. / Körösi Csoma Archivum. / LÖWIS of MENAR, A., Finnische und estnische Volksmärchen. / Magyar Nyelv. / MUNKÁCSI, B., A vogul nép ősi hitvilága. / Magyar Nyelvőr. / RIEDL, F., Arany János. 4. Aufl. / SCHLITTER, H., Versäumte Gelegenheiten. Die oktroyierte Verfassung vom 4. März 1849. / SIMCHOWITSCH, J. N., Studien zu den Berichten arabischer Historiker über die Chazaren / SZINNYEI, J., Magyar Nyelvhasonlitás. / Die Herkunft der Ungarn, ihre Sprache und Urkultur. / WINKLER, H., Die altaische Völker- und Sprachenwelt.

Preis des II. Bandes Gz. 4,5; in Halbleinen gebunden Gz 6,5.

*Dritter Band im Druck.*

FSC
www.fsc.org
MIX
Papier | Fördert gute Waldnutzung
FSC® C083411

Kolibri 360 GmbH
Ferdinand-Jühlke-Straße 7
99095 Erfurt, Deutschland
produktsicherheit@kolibri360.de